新・ムラ論TOKYO

隈 研吾・清野由美
Kuma Kengo　Kiyono Yumi

a pilot of wisdom

JN262587

目次

逆説的に洗練されていく市民／
ファミレス、コンビニが誘導されるまちづくりは失敗作である／
下北沢は、意に染まぬ結婚など必要ない／
都市計画は、その辺のオバチャンが笑えるものでなければならない

第2回「高円寺」

Introduction by 隈研吾
中央線ムラに今も作用する軍隊の磁力／
暗い強制の見返りとして生まれる、ムラ的な抱擁

Dialogue by 隈研吾×清野由美
高円寺を「ムラ」たらしめているものとは／
湯と石鹼の香り漂う商店街／
今、隈研吾自身が、けっこう「下流化」しています／
日本の中心に空虚がある／

都市の周縁に存在する〝福祉機能〟／
西麻布を蹴散らす濃い店たち／
元祖・教養古書店vs.新興・リサイクルショップ／
「何でも人工的に整えて金に換えていこう」にNOを言う／
ムラが与えてくれる温かな抱擁／
高円寺の対抗軸は西麻布ではなく、陸軍だ／
危機に追い込まれないと、デモクラシーは発動されない

第3回「秋葉原」

Introduction by 隈研吾

人々が、ただすれ違うだけで救出される奇跡の場所／
「ムラ」とは演劇的空間の別名である

Dialogue by 隈研吾×清野由美

アキバムラのヘンタイ性こそが日本の未来を拓く／

ラジオ、家電、パソコン、萌え／
隈研吾、メイドカフェへ行く／
S、M、Lのサイズの違いは……／
銀座のクラブが秋葉原で民主化された／
「負ける男」が社会の表面に浮上してきた／
ムラ人の欲望とずれまくる二〇世紀型の大規模再開発／
希望の星、それはアキバに勃興するヘンタイの様式美

第4回「小布施」

Introduction by 隈研吾

「ムラの再発見」は二〇世紀の最重要事件だった／
男であるとか、女であるとかで成立する社会はニセ物である／
「ムラ」から「都市」へと〝逆流〟する流行／
ムラに突きつけられる「経済」と「美学」の連立方程式

「ムラ」とは、人が安心して生活していける共同体のありかであり、
また、多様な生き方と選択肢のよりどころである。
私たちは今、都市の中にこそ、「ムラ」を求める。

「都市」が自壊し、「ムラ」がよみがえる

隈 研吾

二〇世紀建築を支えた「動機」

世紀の切れ目は偶然の産物でしかないかもしれないが、不思議なことに一九世紀、二〇世紀、二一世紀では、社会と建築との関係に大きな変化があった。社会が建築を作る「動機」に、大きな変化があったのだ。動機が変化した結果、村が都市に変わり、また再び都市がムラに転換しつつある。都市以前の「村」、都市以後の「ムラ」は異なる。

ムラと都市との違いは、その表面的なデザインにあるわけでも、物理的密度にあるわけでもなく、その奥にひそむ建築を建てる動機に由来し、その動機を支える社会システムこそがムラと都市とを区分する。

二〇世紀とは一言でいえば、村が失われた世紀であった。この世紀ほど、大量に建築が作られた世紀はかつてなかった。しかし、建築が多く建てられたから、村が都市に転換し

たわけではない。問題となるのは、それほどに多くの建築が建てられた「動機」そのものであり、建築、都市というハードウェアを生み出す、人間の感情である。二〇世紀には、建築のための二つの強力なエンジンが発明され、それゆえにこれほど大量の建築物が建てられ、村が失われてしまったのである。

エンジンの一つは「持ち家願望」である。

「持ち家願望」は、太古の昔から人類に備わっていた自然な欲望では、決してない。一九世紀までは、一部のきわめて限定された人々(王侯貴族)のみが、自ら家を建てることの楽しみを享受していた。その他大勢の人にとって、家とはすでにあるものであり——親から与えられるか、賃貸物件として存在するかの別はあったが——、自ら、持ち家を建てたり(戸建て)、買ったり(マンション)することなど、夢のまた夢であった。その意味で、村には「持ち家願望」などそもそも存在しなかった。

この状況を変えたのは、二つの世界大戦である。戦争は多かれ少なかれ住宅の不足という後遺症を伴うが、二〇世紀が遭遇した世界規模の大戦は、かつてないほどに深刻な住宅難を生み出した。ただし戦争とはきっかけにすぎない。進行しつつある世界の構造転換が、戦争という形でこの時代に顕在化したのである。その転換の本質は、工業社会の到来であり、商品、技術、人間の流動性の増大であった。

アメリカ型、社会主義型、中国型

世界大戦の結果として出現した住宅難に対して、大別して三つの解決策が存在した。

一つ目はアメリカ型の解決策である。

その都市の外の緑を切りひらき、そこに大量の戸建て住宅を建設して、住宅の不足を解消しようとする解決策であった。そのためには広大な国土が必要であり、その国土をスムースにカバーする道路の整備が必要であり、当然、自動車も石油も必要であり、さらに充分な資産を持たない大衆に持ち家を可能にするための金融サポートが必要であった。アメリカでしか可能でない解答の上で、住宅ローン制度が創出されて、持ち家取得をサポートしたわけである。

二つ目は社会主義型解決である。

公的資金で中高層タイプの集合住宅を建て、賃貸を基本として、そこに低家賃で人々を住まわせて住宅不足を解消しようという堅実な方法である。旧ソ連はそのようにして大量の集合住宅を都市に建設した。注目すべきは、第一次世界大戦後のヨーロッパと日本でも、この政策が強力に推進された事実である。日本は、アメリカ型の戸建て促進政策と、ソ連型の公共住宅政策との二本立てで走った。その両輪で、木造の村からコンクリートの都市へという大転換の道を驀進《ばくしん》していった。

アメリカ型の住宅政策か、社会主義型解決か。第一次世界大戦後の世界は、ここで大きく二つに分岐したともいえるが、効果という点ではアメリカ型に軍配が上がった。「郊外の芝生の上に、白く輝くオウチを建てたい」という願望は、住宅難の解決に強力な実効性を発揮しただけでなく、単なる「解決」以上の経済効果をもたらしたからである。

社会主義型の、安い公営賃貸住宅への入居は、労働意欲の上昇につながるどころか、むしろそれを低下させた。対して、アメリカ型の政策のもとでは、豪華な「持ち家」を手に入れるため、そしてその家と都市をつなぐ自動車のため、そのガソリンのために、人々はがむしゃらに働き始めた。アメリカのヨーロッパに対する経済的優位、旧世界（ヨーロッパ）と新世界（アメリカ）との経済的逆転は、住宅政策の差によって決定的になった。

しかし、実は第三の政策が存在した。一九五〇年代の共産中国が苦渋の末に選択した、村と都市の分離政策である。

中国は、農民の都市への無制限の流入に対抗できる住宅政策は存在しないと考えて、農民戸籍と都市戸籍を厳密に管理し、農民が都市へと住居を移すことを物理的に禁止したのである。この政策は現在に至るまで基本的には継承され、おかげで「都市の爆発」は回避されはしたが、都市と農村の所得格差は拡大する一方であった。村と都市は隔離されたわけだが、それは村を守ったわけではなく、村を荒廃させ、貧しくしただけであった。「農村で都市を包囲する」というキャッチフレーズのもとに、農民こそ国家の基本であると唱えたその革命初期の輝かしい農本主義とは真逆の方向に、中国の村と都市は分割され、村は荒れ果てていったのである。

ムラモドキのディズニーランド

二〇世紀の住宅問題に対する三つの選択肢はすべて、村を破壊した。

アメリカ型の「持ち家政策」は、原野を破壊して、緑の芝生の上に白いハコが点在する

「ムラモドキ」を作り出した。人々はディズニーランドの砂糖菓子のようなフィクションに欲情するようにして、芝の上の白いハコという「ムラモドキ」のフィクションに欲情し、その「ムラモドキ」がアメリカの原風景となった。しかし、ディズニーランドが現実と隔てられた映像的虚構であったのと同様に、ムラモドキには現実の村を支える土地との泥臭いつながりも、粘っこい（ポジティブな意味でもネガティブな意味でも）人間同士のつながりも存在しなかった。そこは映像的にだけ「美しく」「のどか」だった。

社会主義型の集合住宅も、村とはほど遠い、無機質なハコであった。このハコを村化しようという試みがなかったわけではない。たとえば二〇世紀を代表する建築家、ル・コルビュジエ（一八八七―一九六五）は、ユニテ・ダビタシオンと名づけた一連のユートピア型の集合住宅計画において、ハコの中に空中街路を作り、屋上庭園を作って、ハコを村に近づけようと苦闘したが、ハコはハコのままであって、空中街路が村の路地のような濃密でまったりとした空間となることは永遠になかった。ディズニーランドと同様に、ビジュアル的には村と似た何かではあったが、ムラモドキと村の間には、大きなギャップが横たわっていたのである。

アメリカ型にしろ、社会主義型にしろ、大量に建設された住宅群が決して村とはなりえない不幸への補償として、二〇世紀にはさまざまな公共建築が建てられ続けた。人々が語り合う場を目指して、文化ホールやミュージアムが建てられ、社会的サポートを必要とする人々、たとえば子供や老人のために、学校や福祉施設が公的資金によって建設され続けたのである。

公共建築はそれ自体が村の大事な役割を担うために作られただけではなく、その建設工事自体が新しい雇用を創出した。農業従事者から建設労働者への転向は比較的容易であることから、農業に替わる、村の新しい産業の創出であるとみなされた。

しかし二〇世紀の公共建築もまた、結局は村を破壊した。これら公共建築は、建設当時はその国や自治体の繁栄の象徴であったが、次第にハコモノと呼ばれ、税金の無駄遣いでしかない無用の長物として、批判の対象となっていった。このハコは、完成後にも村から莫大《ばくだい》なメンテナンスコストを食い続ける金食い虫でしかなく、建設労働は一時的には村の人間を豊かにしたかに見えたが、実際には、村から人を切り離し、現場から現場へと流れ続ける流浪の労働者を生み出しただけであった。

村は、このようにして、何重にも破壊され、奪われ続けたのである。

自壊する「空間の商品化」

しかし、村はよみがえりつつあると、僕は感じている。なぜなら村を破壊するシステムそれ自体が自壊を始めたからだ。

村が破壊されるプロセスはさまざまであったが、破壊の大本にあるのは「空間の商品化」であった。

かつての村において、空間はそこにあり続けるもので、売り買いするものではなかった。しかし、二〇世紀の人々は空間が私有の対象であり、ゆえに売り買いの対象であり、しかも高額な商品であるということを発見した。より正確にいえば、空間も商品であるというフィクションを発明したのである。これが前に述べた建築のためのエンジンの二つ目である。

このフィクションは、住宅問題、すなわち「人口の爆発」を解決するために、そして建設産業という二〇世紀を支えた巨大産業を維持するために、格好の発明であった。この発明によって、二〇世紀の社会経済システムが、ぐるぐると回り始めたのであった。

「空間の商品化」は莫大な利益を生み出した。経済的効果は圧倒的であった。製造業の低い利益率に比べると、「空間」を製造することは桁《けた》違いの富をもたらした。よりよい投資先を求めて、だぶついた資金はこぞって空間という「商品」へと流れていった。先述した三つの政策――アメリカ型、社会主義型、中国型――はすべて、この「空間の商品化」の流れに飲み込まれていった。

アメリカ型は、そもそもこの空間の商品化を先導し、空間への欲望を際限なく喚起する強精剤的政策であったが、さらに一九八〇年代以降の金融の流動化、自由化によって、ほとんど何も持たない人ですら、サブプライムローンという低所得者向けの住宅ローンによって、この「商品」を手に入れることが可能となった。システムは洗練され、フィクションはより磨かれたわけだ。

多くのヨーロッパ諸国の基本政策であった社会主義型（公営住宅の供給）は、賃貸中心のシステムから分譲システムへと転換することで、財政難の中でもシステムを継続、発展させようという賭《か》けにでた。アメリカ型にならったこの強精剤のおかげで、短期的に見れば不動産マーケットは活性化し、経済は刺激されたが、この転換によってヨーロッパが失ったものは大きかった。ハコの建設を個人の欲望というエンジンにゆだねることによって、社会主義的政策のベースであった公的なビジョン、都市計画的な広がりを持つ視点はすべて消滅していった。売りやすいハコ、高く売れるハコを優先する、という貧しい基準によって、都市の荒廃は加速したのである。

中国でも、都市と村の分離政策の産物である都市の富裕層は、空間という名の高額商品に飛びついた。政府はこの「商品」の供給を積極的にサポートする姿勢をとった。かつて価格競争力のある製造業を基盤として、高い経済成長率を維持してきた中国でさえも、「空間という商品」に頼らざるをえないという状況に追い込まれたのである。

その結果、「空間という商品」の生み出す泡のような利益に頼らない限りは、いかなる国といえどもその経済成長を維持できない、という異常な状況が到来した。空間という商品の周辺は、「素人が手を出せない」危険な場所、ヤバい場所となってしまったのである。

二〇〇八年に起こったアメリカのリーマンショックが、サブプライムローンのシステム破綻《はたん》をきっかけとしていたのは、すべての点で象徴的であった。空間の商品化は、村を破壊し、世界を都市で塗りつぶしていったが、今やそのシステム自体も崩壊しつつある。それが空間というヤバい商品の行きつく先であった。

夢もフィクションも捨て、場所を見つめ直すこと

二〇世紀初頭、弱者は「建築」によって救出可能であると人々は信じた。建築は神の代用品ですらあった。誰でも「持ち家」という建築を与えられることで救われる。公共建築によって、その工事プロセスが生み出す雇用によって、弱者を救済することができる、と人々は信じた。

しかし結局のところ、「空間の商品化」は誰も救うことができなかった。全員が傷つき、ヤケドをした。土地というもの、それと切り離しがたい建築というものを商品化したことのツケは大きかった。商品の本質は流動性にある。売買自由で空中を漂い続ける商品という存在へと化したことで、土地も建築も、人間から切り離されて、フラフラとあてどもなく漂い始め、それはもはや人々の手には負えない危険な浮遊物となってしまった。

二〇一一年三月一一日、大地震と津波とが東日本を襲った。それから三週間後、まだ水

の引かない石巻の町を歩き回った。

確かに津波はすべてを流し去った。驚くべき破壊力を目の当たりにして、血の気が引く思いであった。しかし、それでもなお、いや何もないからこそなおさら、そこには何かが残っていることを感じた。場所というもの、そこに蓄積された時間と想いというものは、決して流し去ることのできるものではない。そこに何もないからこそ、よけいに場所というものが力強く立ち上がり、大声で叫ぶのである。商品化、流動化などという小賢しいたくらみにはビクともしない、場所というもののたくましさ、しぶとさに、圧倒された。

この大地を切り売りして商品化することが何をもたらすかを、その行きつく先を、その終末をすでにわれわれは見てしまった。持ち家をいくら建てても、公共建築をどれだけ建てても、場所は曇り、ぼやけていくばかりであった。二〇世紀の建築は、場所を曇らすために、人々を場所から切り離すために建てられた。僕たちはもう一度、場所を見つめることから始めなくてはいけない。大地震と津波とが、そんな僕らを場所へと連れ戻した。夢もフィクションも捨てて、場所から逃れず、場所に踏みとどまって、ムラを立ち上げるしか途《みち》はないのである。

その場所と密着した暮らしがある場所をすべて「ムラ」と僕は呼ぶ。現代美術の領域では「サイト・スペシフィック（場所密着型）・アート」という言い方があるが、サイト・スペシフィックな暮らしがある場所はすべてムラである。だから一見、都市という外観であっても、そこにムラは存在しているし、事実、すでにさまざまな場所で人々はムラを築き始めつつある。その土地が響かせる音に耳を澄ませながら、四つの地面を歩き、対話した。

第1回「下北沢」

Introduction by 隈研吾

「ムラ」をめぐる闘いが始まる

下北沢は日本の都市計画における一種のリトマス試験紙である。ここで起こっていることをどう見るかで、あなたの都市観が試される。

下北沢では今、村が破壊されようとしている。それ自体は目新しいことではない。それは、ここ数世紀にわたって世界で延々と演じられてきた人間社会の定番ドラマで、タイトルはご存じの「近代化」というやつだ。

村の破壊、というドラマは、さほど「目新しいことではない」と僕は書いたが、下北沢のドラマは少し違った筋書きだ。

下北沢は昔からあった村ではない。巨大都市・東京の中で、比較的最近になって発生したムラだ。本書の表記法では、「村」ではなく「ムラ」ということになる。発生のメカニズムはそれほど単純ではないが、さまざまな要因が微妙なバランスをとりながらこの場所に重なり、二〇世紀後半になって、新しい形のムラが生まれた。そういう現象に、僕はとても興味がある。

たとえばこの町は、小田急電鉄と京王電鉄という二本のメジャーな私鉄で、新宿、渋谷という二大ターミナルに直結している。同時に、環状六号線、同七号線や、玉川通り、甲州街道といった幹線道路からは遠く、しかも踏切というハードルのおかげで、自動車の利便性からは二重にこぼれ落ちてしまった。すなわち、戦後の道路整備から偶然、置き去りにされた世田谷の住宅街の前近代的な細い路地が、超絶に便利な私鉄駅と接合された地域なのだ。まるで、手術台の上でミシンとコウモリ傘とが出会ったように。その出会いによって起こるアンバランスの中から、町の「醱酵《はっこう》」プロセスが始まり、ムラという「醸造物」がこの土地にでき上がった。いい香りがするし、味も悪くない。

戦後に発達した東京の新興住宅街の多くは、道路や鉄道という数々の利便性というクスリによって、醱酵からできるだけ遠ざけられた。では、下北沢はなぜ、利便性の投与からは放置されたのか。

答えは簡単だ。下北沢が中心に近すぎたからだ。高度経済成長期の途中、小田急は踏切廃止を、土地が安く、手のつけやすい遠方からのんびりとスタートした。そもそも小田急自体が、テンポのゆっくりしたサラリーマン企業で、沿線全体の整備計画の進行速度も遅かった。「近代化」というプロセスは、基本的には中心から周縁へと向かって、同心円的に進行するものと人々は信じている。が、時々、意外と中心に近いあたりに、こんな特異点、非連続点が発生する。実はこれは少しも例外的なことではない。近代というプロセス自体が内蔵している、想定内のバグのようなものといっていい。このバグが面白くないわけがない。

「醗酵」か「青春」か、「連続」か「切断」か

対談でも触れるが、その下北沢に今、第二次世界大戦直後に策定された都市計画道路が、過去の亡霊のように登場し、いい具合に醗酵してきたムラを激変させようとしている。都市計画道路は踏切の撤去を前提とし、そのためには鉄道を地下化せねばならず、その資金源として駅前の再開発が必要とされる。この一連の計画をめぐり、複雑な「闘い」が、都市における特異点・下北沢で湧《わ》き起こっている。ここにあるのは、単に悪徳、強欲な鉄道

会社vs.イノセントな被害者住民、という単純な構図ではない。下北沢というバグが二一世紀初期に直面している闘いは、全世界の都市とムラにとって他人事とはいえないような普遍性を内包している。

その闘いとは何か。一言でいえば、醗酵か青春か、あるいは、連続か切断か、という二者択一をめぐる闘争である。簡単ではない。そんな人類史上の大難問が、今、下北沢というムラに突きつけられてしまっている。それゆえに僕はここを、リトマス試験紙と呼ぶ。

この試験紙によって判定されようとしていることとは、下北沢はこのまま醗酵過程を継続し、ゆるやかに成熟していけるのだろうか、という問いだ。

踏切のような、町の利便性にとって問題があるものを存続させ続けることはできない、という現実的で、クールな人がいる。その人たちは、そもそも今の下北沢は質のいい醗酵という段階を過ぎてしまった、実は品の悪い商業資本に喰《く》いあさられた擬似的路地空間であり、路地のふりをしたテーマパークにすぎないという、冷めた見方をとる。

しかし一方で、二一世紀の日本はあくまでも醗酵を受け入れ続けるべきで、大手術なんて体に悪いだけだ、とする連続派の人もいる。老人の体にメスなんか入れて、どういうつもりだろう、というわけだ。たとえ死に至るものであっても、腐るまでの過程は、ゆっくりと豊かでなければならず、その醱酵を味わうことが人間の生きる価値である、とそれらの人々は唱える。

現実の都市においては、完全な連続性というのはフィクションであるし、完全な切断というのもまたフィクションである。手術をしてもなお連続するしぶといものはあるし、手術をしなくても都市という生き物は不連続にどんどん変わらざるをえない。

それでもやはり、われわれはどこかで何かを選択しなくてはならない。その選択は、都市のあり方を問うているようで、実は本人の人生観、死生観が問われている。そのリトマス試験紙が下北沢なのである。

Dialogue by 隈研吾×清野由美

☆町の概要　東京南西部を走る小田急小田原線、京王井の頭線の二本の私鉄が交差。住所表示では、東京都世田谷区北沢、代沢、代田。下北沢駅の乗降客数は小田急、京王それぞれで一日約一三万人。

「自由」を謳歌《おうか》する路地裏に、戦後の巨大道路計画が忍び寄る

清野　隈さんは、下北沢はよく来られますか。

隈　残念ながら、来る機会がなくて。

清野　学生時代に遡《さかのぼ》っても、来られませんでしたか。ここは、隈さんが通っていた東大がある井の頭線「駒場東大前」の次の次の駅ですし。

隈　ラーメンを食べに来ましたけどね。

清野　そのぐらいでしたら、今日の町歩きは、思い出も、思い入れもないところから始められるので、かえっていいかもしれません。

隈　ニュートラルに論じられるでしょう。

清野　下北沢は戦後に東京南西部で発達した典型的な私鉄沿線の住宅地域です。小田急線と京王井の頭線の「下北沢」駅を中心に、路地的な商店街が広がっていて、その独特な賑《にぎ》

「駅前食品市場」（2009年６月撮影）

わいが「若者の町」を作り上げています。

——まずは駅から北口への階段を下り、階段のすぐ右手にある「駅前食品市場」を通り抜ける。

清野　この北口の「駅前食品市場」の一角は、下北沢の一つの象徴です。わずか数百平方メートルという広さですが、戦後の闇市《やみいち》が二一世紀まで生きながらえた場所です。再開発計画で立ち退きが進んでいますが、場内には乾物店、雑貨店、立ち飲み屋、路上のTシャツ売り、といった店がまだ残っています。

隈　そうはいっても、シャッターが閉まった店がずいぶんありますね。風前の灯《ともしび》感がある。ただ下北沢の駅前って、こういう市場があっても、下町的な感じではなくて、やっぱり何だかんだいっても、お上品な私鉄沿線という雰囲気が色濃い。

清野　井の頭線の「吉祥寺」や、東急線の「自由が丘」などに似ていますよね。

隈　路地の中に店がこちゃこちゃとあるのに、全体としてはおしゃれな感じのムラですね、よくも悪くも。

清野　小田急線ターミナルの新宿駅まで五キロメートル弱、井の頭線ターミナルの渋谷駅まで三キロメートル。下北沢は、明治・大正時代には東京周縁部の農村でしたが、その後、関東大震災の時に都心から多くの人々が移住してきたことや私鉄の開通などをきっかけに住宅地化が始まり、次に戦後の経済復興の中で、住宅街として本格的に発達することになりました。

隈　私鉄が敷かれたことは大きいにしても、戦後の成り行きで登場した新興の町ということですよね。要するに運がよかったんですね。それで農村が突然、都市に成り上がった。

都市計画とは運動神経だ

清野　当初、都市計画家の間では、ロンドンの都市計画を模して、緑地帯（グリーンベルト）を設ける近代的な住宅地帯が構想されたとのことですが、戦後のどさくさで、そんな理念よりも現実の民族大移動の方が先になってしまったそうです。

隈　その緑地帯を構想したのは、東京都が発足した一九四三（昭和一八）年の翌年、計画局の都市計画課長に就任した石川栄耀*1でしょう。彼の役人らしからぬ先進性は最近になって注目されていますけれど、実際は挫折《ざせつ》の連続だったんですよね。

清野　どのような挫折だったんですか。

隈　石川が関わった「戦災復興都市計画」は、都市の構成要素として広い幹線道路、広場、緑地帯をしっかりと考えていたけれど、実現しなかった。名古屋、広島、仙台に比較しても、東京って道は狭いし緑地帯は貧弱でしょう。

清野　なぜ実現しなかったのでしょうか。

隈　当時の都知事、安井誠一郎*2は、そんな理想より、路頭をさまよう人たちの家の確保が最優先だ、と石川の理念を理解しなかった。ありがちな政治判断が、東京に残された最後のチャンスを逃したんです。

清野　日本の政治構造がそうさせた、ということですか。

隈　そうです。日本という国の中央の政権は、基本的に選挙に強い地方選出の議員がコントロールしているから、都市計画に必要な大きなお金は、実は東京に回ってこない。

清野　それは初代の安井都知事に限らないのですか。

隈　限らないですね。都市部の首長ほど、都市計画という長期的、構築的、男性的な政策よりは、反都市計画的で女性的な政策の方に流れやすい。それは安井都知事だけでなく、美濃部《みのべ》都知事[*3]だってそうでした。だから東京というのは、都市計画ではまったくの落第生なんですよね。ただ、都市計画に落第したせいで下北沢的なムラが出現したともいえる。

清野　なるほど。

隈　都市計画というのは一種の運動神経だと僕は思うんですね。永遠に正しくあり続けられる都市計画というのはないわけで、ある時期に何をやったかが、後でどう効くか、ということなんです。

清野　たとえば？

隈　ニューヨークだったらセントラル・パークですよね。ニューヨークの、あの碁盤《ごばん》の目の道路は一九世紀にすでにあったものですが、一九世紀中ごろ、マンハッタンで都市化が進み始めた早いタイミングで、セントラル・パークは作られたわけです。あの時期、あの地域だったら、まだ買収が可能だったのですが、それでもマンハッタンのど真ん中にある道路を全部つぶす、というのは大きな判断です。それができたアメリカ人というのは、やっぱりすごい。

清野　セントラル・パークのないニューヨークなんて考えられません。

隈　それを可能にしたものは政治家のパワーですが、それこそが空気に反応する一種の運動神経です。

清野　そういう運動神経を感じる日本の都市はありますか。

隈　日本の都市計画に運動神経はありません。日本の政策は基本的にズルズルと受け身で、短期的な人気取りに終始しています。それはとりもなおさず、都市計画ができた日本の政治家はいない、という事実につながるのですが。過去に唯一、後藤新平[*4]だけが関東大震災の復興の時にそういうことをやろうとした。だけど結局、つぶされました。

清野　二一世紀に東京中央郵便局旧庁舎一棟を保存しよう、というだけで、あれこれ大騒ぎでしたから。*5

――市場を抜けた先に踏切があり、それを渡って南口商店街に至る。

隈　ここは駅のどっち側になるんですか？

清野　東口と南口です。

隈　位置関係が分かりにくい町ですよね。

清野　小田急線を x 軸、井の頭線を y 軸とした四象限すべてが発達しているのが下北沢です。東口、西口、南口、北口すべてが開けているのに、駅前は路地だらけですから、慣れないと、自分がどこにいるか分からなくなりますね。

隈　しかも小田急線と井の頭線って、直角に交わっているのではなく、どちらも東西に向かいながら斜交しているでしょう。それ、歩くには分かりにくいんですよね。それにしても、本当に若者が多く歩いていますね。ここは歩行者天国になっているんですか。

清野　いえ、車も通れる道ですが、道幅は狭いし、抜け道にもなっていないしで、車が通る時は、歩行者に遠慮しまくって、という感じになっています。
隈　モータリゼーション優先の時代に、珍しい光景だといえる。ということは、逆にポスト・モータリゼーションという、これからの時代を先どりする風景かもしれないですね。
清野　「下北沢南口商店街」はここ数年で、コンビニやケイタイショップ、居酒屋チェーンなど、どこにでもある店が増えたのですが、それでも一歩路地に入ると、途端にシモキタらしくなります。
隈　シモキタらしさって、どういうことですか。
清野　生活道路は農村時代の畦道《あぜみち》を反映したような幅なのですが、そこに昭和時代の中流的な家屋が並んでいて、しゃれているのです。でも、スノッブじゃなくて親しみやすい。そんな町並みの間に変わった店がある、という。たとえば、こういう朽《く》ちる寸前のような一軒家。
隈　え、ここ、住んでいる人がいるんですか。
清野　いえ、カフェなんです。
——ブロック塀にメニューを書いた黒板と、「ＯＰＥＮ」の黒板。中に入り、板張りの階段を上がって二階に行くと、壁も天井も取り払った、ガランとしたスペースになっている。

清野　近年のシモキタの特徴は、とにかくカフェが多いこと。それもスターバックスのような大手チェーンではなく、住宅街の古い家をリノベートしたり、不便なビルの一角をロフト風に使ったり、といった、個人の工夫に富んだ店が多いのです。このカフェは期間限定なのですが。

隈　なぜですか。

清野　その理由の大本になっている事態は、もう少し歩いてからお話ししましょう。

上品な教会が根こそぎ、なくなってしまう!?

隈　僕の中では、シモキタはカフェの町というより、演劇の町、というイメージが強いのですが。

清野　本多劇場グループ*6の本拠地ですからね。同グループは現在、下北沢に「本多劇場」「ザ・スズナリ」「駅前劇場」「OFF・OFFシアター」「『劇』小劇場」「小劇場　楽園」「シアター711」という七つの小屋を持っています。一昔前の映画館ならともかく、駅前にこれだけの芝居小屋がある町は異例です。

隈　ライブハウスも多いでしょう？

清野　「下北沢屋根裏」「下北沢ロフト」など、古きから新しきまでいろいろ。ジャズ喫茶「マサコ」（再開発のため二〇〇九年に閉店）も、ジャズバーの「レディジェーン」も有名です。そのような小屋的カルチャーの中でも、いちばんの名所が「ザ・スズナリ」でしょう。一九八一年の開館で、本多グループにとっても発祥の地。ぎしぎしと鳴る階段を上がって、狭い小屋に詰め込まれた客が、肩を寄せ合って無名の役者たちの芝居を見る。商業主義とは一線を画した熱気と面白さが、こういった場所にはある。隈さんはここで芝居を見たこと、ありますか。

隈　こう見えても何回かはあります（笑）。

清野　ザ・スズナリの裏に、もう一つのシモキタ名物、カトリック世田谷教会[*7]があります。

——裏手のゆるやかな坂を上ると、閑静な教会の敷地に至る。右手にかつて米軍が使用していた「かまぼこ兵舎」。さらにその上、坂を上った高台に色つきガラスの窓が嵌《は》まる上品な木造の教会がある。庭園の奥にある小さな祠は、フランスの聖地、ルルドの洞窟《どうくつ》にち

カトリック世田谷教会敷地と背後のマンション

なんだもの。芝生の上を、犬を連れた人が散歩している。

隈　いや、ここ、妙にいいところですねえ。こんな場所、知らなかったな。

清野　それで、ちょっと上を見てください。庭の樹木の後ろ、崖《がけ》の上の方にマンションが建っているでしょう？

隈　壁面が不自然な斜めになっていますね。

清野　そこなんです。今、下北沢は道路計画で揺れています。後ろのマンションは、道路計画に沿って建てられた新しいものだから、壁面が斜めになっているんです。

隈　ということは、つまり、あの壁面の角度通りに道路が通じるってことですか？

清野　はい。それを辿《たど》ると、まさしくこの教会の敷地に下りてくるわけで。
隈　じゃあ、この教会全部がなくなってしまうってこと？
清野　第二期工事の工区に入っているのだそうです。
隈　ええ〜〜っ。
清野　そうですよね。都市開発の最前線で仕事をしている隈さんだって、あっと驚く計画ですよね。下北沢の、手作り感あふれる町並みの後ろには今、巨大な都市再開発の影が忍び寄っているんです。
隈　それ、どういう計画なんですか。
清野　お役所言葉でいうと、「都市計画道路補助線街路第54号線」と、小田急線下北沢駅の地下化に伴った「世田谷区画街路第10号線（駅前広場等）」の二種類になります。要するに、下北沢の町中に大きな道路を通して、駅前も車が回遊できるロータリーにして、一気に再開発しましょう、というものです。
　まず補助54号線の方ですが、最初に計画されたのは一九四六（昭和二一）年です。
隈　ということは敗戦直後ですよね。まだ日本がアメリカの占領下にあった時代じゃないですか。

清野　戦後、都市復興の一環としての幹線道路計画がルーツなんです。当初計画の道幅は二〇メートルで、その後一五メートルに縮小された後、一九六六年に小田急線の上を高架でバイパスする方式に変更され、その時に幅も二六メートルに広がりました。

隈　高架のバイパスで二六メートル、というのは、いかにも高度成長期っぽい変更です。

清野　ちなみに同時期に整備が進んだ道路が、下北沢の西を通る環状七号線です。で、その高架計画が、小田急線地下化を期に地上道路に変更されたのが二〇〇三年のことです。この一帯の道幅は二二〜二六メートルと決まりました。

隈　ルートは？

清野　この付近でいうと、渋谷区と世田谷区の境近くの三角橋交差点から、下北沢駅の北側を通って、井の頭線の「新代田《しんだいた》」駅あたりに至ります。二〇〇六年に、下北沢駅周辺の二七〇メートルが第一期工区として行政から事業認可されました。もう一つの街路10号線は、二〇〇三年の計画変更に伴って決められたもので、補助54号線から駅までを結ぶ、駅前ロータリー道路です。道路が計画されている場所をちょっと歩いてみましょう。

「ザ・スズナリ」横の飲食店

——カトリック世田谷教会から茶沢《ちゃざわ》通りへと坂を下りる。

隈　ザ・スズナリもなくなるんですか。すごくいい具合のボロさなのに。

清野　道路はザ・スズナリのすぐ脇《わき》を通る計画です。この小屋がそのまま残るかどうかは所有者の判断となりますが、隣にある、もっといい具合にボロな飲み屋などはなくなります。ここから世田谷区の施設である「北沢タウンホール」の前を通って、小田急線の線路を渡りましょう。

——北口周辺には「下北沢一番街」や「しもきた商店街」があり、最も路地的なエリア。

清野　北口でもこの一帯は、昔ながらのおせんべい屋さんあり、ブティックあり、古着屋あり、雑貨屋ありで、地元住人や若い人たちの人通りも多く、面白いところです。

隈　象徴的な店は、たとえばどんなところでしょうか。

清野　「東洋百貨店」なんかは、すごく〝らしい〟です。北口駅前のスーパー「ピーコックストア」の裏手になるのですが、ここの一階が薄暗いロフトのようなワンフロアで、ストリート系のファッションや、古着屋がこちゃこちゃと集積しています。キッチュでかわいい、かっこいい、という感覚は、かつて八〇年代に人気だった、「原宿セントラルアパート[*8]」の地下にあった「原宿プラザ」に通じています。

隈　ブーツが一九八〇円、カラフルなワンピースが三九九〇円って、値段、安すぎです。僕が女性だったら、きっと買いまくるなあ。

清野　シモキタあたりの女子の間で流行しているのは、エスニック風のチュニックにレギンス、アタマのてっぺんにお団子を結って、ぺったんこの靴をはく、というユルい系。巷《ちまた》では「モテない系女子[*9]」などと分類されているタイプです。今は男の子のストリートファッションの方がディープな分、かえっておしゃれだと思いますけど。

隈　それにしたってうらやましい。

清野　私は、同じエリアにある男の子用の古着屋さんなんかに、とても惹《ひ》かれます。軍隊の放出品をすごくおしゃれにセレクトしているんです。

戦後の〝亡霊〟がシモキタに降りてきた

隈　で、ここに道路が通るんですか？

清野　はい。補助54号線は、こういった店があるエリアに、幅員二二～二六メートルでだーっと通されるわけです。さっき見たカトリック世田谷教会の裏手から、東洋百貨店の脇にあるピーコックの駐車場あたりまでですね。

隈　それって、賑わいのど真ん中じゃないですか。

清野　しかも計画では、この先から幅員がいきなり一五メートルになっているんです。つまり、路地を根こそぎにした道路が、賑わいの只中でボトルネックのように、不自然にきゅっと狭まる、ということで、謎《なぞ》の計画なんです。

隈　しかし六〇年以上前の計画でしょう。敗戦直後の亡霊のような道路計画が、なんで今ごろ、実施されようとしているんですかね。

清野　きっかけは小田急線の地下化です。住宅街を貫通する小田急線は、高架化が遅れ、「開かずの踏切」が地域のモータリゼーションにとって、ずっと大きな課題でした。しかし高架化にしろ、地下化にしろ、この工事には民間企業単体ではまかなえないほどの莫大な予算を必要とします。その時、問題を解決する手段として「道路特定財源制度[*10]」があったんです。

隈　道路特定財源制度。それこそが高度成長を支えたという、田中角栄が作った妙なシステムですよね。

清野　道路特定財源制度は過去にも全国の「開かずの踏切」対策に使われてきました。今回の小田急線の場合、「代々木上原」駅（渋谷区西原）から「梅ヶ丘」駅（世田谷区梅丘）の間を連続して地下化することは、当該区間にある九つの踏切をなくすことにつながります。ということで、道路建設と抱き合わせにしたプロジェクトが誕生したんです。

隈　小田急の地下化というのは、どんな計画なんですか。

清野　下北沢駅の改札のすぐ隣に、小田急が設けたコーナーがあるので、そこに行きましょう。

――「情報ステーションシモチカナビ」へ。

隈　「私たちは、『開かずの踏切』などへの重点的な対策『踏切すいすい大作戦』に取り組んでいます。東京都・世田谷区・渋谷区・小田急電鉄株式会社」だって。

清野　かわゆいモグラのキャラクターが歓迎してくれますね。でも、私の知人がここで人と待ち合わせをしたら、「見学以外の方は使わないでください」って、係の女性から注意されたそうです。

隈　それはまたずいぶんと冷たいですね。

清野　工事区間の町並みの模型が展示してあったりして、確かに待ち合わせ専用スペースではないのですが、でも模型を見たって、下北沢駅がどうなるかはしかとは分かりません。モグラさんたちはノー天気に笑っていますが。

隈　事業費はどうなっているのかな。

清野　係の方に聞いてみましょう。「東京都が六〇〇億円、小田急電鉄が六〇〇億円の計一二〇〇億円です」――だそうです。

隈　アバウトすぎて、よく分かりませんね。

清野　実は、小田急線地下化を中心にした、下北沢再開発計画の事業費の内訳は非常に複雑なんです。全体事業費は一二五八億円ですが、その内訳を要約するとこうなります。*11

・国＝三〇七億五〇〇〇万円。

・東京都＝二一五億二五〇〇万円。

・世田谷区と渋谷区＝九二億二五〇〇万円。

・鉄道建設・運輸施設整備支援機構（国の独立行政法人。以下、鉄道・運輸機構）＝五九三億円。

・小田急電鉄＝五〇億円。

隈　いってみれば、小田急の五〇億円以外はみんな税金ということですね。税金が一二〇八億円で、小田急が五〇億円って、シモチカナビで言われたことと違うじゃないですか。

清野　その辺が超複雑なのですが、鉄道・運輸機構が行う小田急線の複々線化事業が、完成後に小田急に売却されるから、その買い取り費用を組み入れて、小田急サイドでは「六〇〇億円を負担」という言い方になるのです。

隈　なるほど。

清野　ただし、だからといって小田急が事業リスクを負っているかというと、実情はそうではありません。買い取りは二五年年賦の低利で、その資金も国からの融資が適用されます。工事や設計も、鉄道・運輸機構から小田急に発注されています。[*11]

隈　小田急にとっては、ローリスクで線路の地下化が果たせ、しかも駅ビルや線路跡地という不動産の余禄までついてくる。道路特定財源のおかげで、非常においしい思いができるわけですね。

逆説的に洗練されていく市民

清野　そういった背景で多額の税金が投入されているのに、再開発の概要や予算の内訳は、一般市民に分かりやすく公開されていません。たとえば線路が地下化した後の地上部分は、まさしく公共空間として市民の新たな資産になるわけですが、そのあたりの情報発信についても、行政の反応は鈍い。再開発そのものへの疑問と同時に、今時そういう税金の使い方が許されるのか、という声が市民サイドからは上がっています。

隈　それは当然のことだと思いますね。本来ならその跡地利用の方法こそが、下北沢の新しい価値になるのに。

清野　その意味で世田谷区に新しいビジョンはあまり感じられません。世田谷区では、道路開通の暁には、駅周辺で高いビルが建てられるよう、地区計画を見直しています。駅周辺では六〇メートルの高さ（一七階に相当）まで建てられるし、他でも五〜七階建てが建てやすくなります。

隈　昭和の発想から一歩も進んでない。

清野　ビルが立ち並べば、おせんべい屋さんや本屋さん、生地屋さんなど昔からの商店や、小さくて個性的なファッションの店、カフェなどが並ぶ、今のシモキタの雰囲気はなくなってしまうでしょう。

隈　路地が壊滅するわけですからね。

清野　それに対して内外から市民運動が起こっていることも、またシモキタらしいといえます。まず、下北沢にある五〇〇を超える店舗・企業からなる「下北沢商業者協議会」があります。都市計画の専門家などによる「下北沢フォーラム」では、行政による計画の問題点を指摘するだけでなく、さまざまなグループの改善案をもとにまとめた「市民が望む・下北沢のまちづくり計画案[*12]」を提出しました。賛同者の中には、坂本龍一の名前もあるんですよ。

隈　著名な文化人も多いんですか？

清野　よしもとばなな、ヴィム・ベンダース、リリー・フランキーというような、そうそうたるメンバーがシンパを寄せています。さらに二〇〇六年には「まもれシモキタ！　行政訴訟の会」が国と東京都を相手に事業認可処分差し止めを求める行政訴訟を起こし、それが継続中です（二〇一一年六月現在）。私はこれら市民運動のホームページと行政のそれとを読み比べてみました。もう、お話にならなかったですね。

隈　どうお話にならなかったんですか。

清野　行政や企業サイドが説得力において、まったく劣っている、ということですね。町の将来像に対して、市民の方がずっと明確なビジョンを持っているし、それを実現させるためのロジックもアクションも、行政とは比較にならないほど洗練されている。言葉によって誰かを説得する、ということは非常に大事なことなのですが、行政にはそういう言葉がありません。

隈　市民側はどんな代替案を出しているんですか。

清野　「市民が望む・下北沢のまちづくり計画案」は、こういうものでした。

・補助54号線の第一期工区になっている町中部分は、早期着工の意味が見出せないので、第三期工区に移行する。

・駅前広場は人が集まる場所とし、ロータリー機能は北沢タウンホール近くに整備する。あるいは、ミニバス・タクシーだけが一方通行で駅前広場内の周縁部を通る形にする。いずれにしても車はなるべく誘導しない設計にする。

・防災については、地下化後の跡地を災害時の避難路・緩衝地帯として早期に整備し、防災水槽を埋め込んだポケットパークを適切な場所に配置することで対応する。

・地区内の建物の高さは二二メートル、一六メートルという世田谷区の地区計画原案を支持するが、高さ制限の特例は認めない。

・道路からの壁面後退のルールなどは細かい区域ごとに熟考し合意形成をはかる。

隈　これらは、ものすごく真っ当ですよね。「下北沢フォーラム」には都市プランナーの重鎮である蓑原敬さんや、明治大学理工学部教授の小林正美さんといった、経験豊富なプロが参加していましたよね。彼らが腰を据えて作っただけのことはあるな。普通、巨大な再開発vs.反対住民という対立は、どちらもレベルが低くて、感情的にカッカとするだけの事態に陥りがちだけど、この代案は冷静でリーズナブル。二〇世紀のモータリゼーションに替わる、新しい時代の原理が来つつある、という大局的な歴史観が背後にちゃんと感じられます。

清野　大局的な歴史観こそ、足元の生活感覚の中から生まれてくるものでしょう。

隈　余談ですが、蓑原さんはかつて建設省（現・国土交通省）におられたバリバリのお役人で、自分が法律を作ってきたから、制度というものの必要性も限界も、多分、両方分かっている本当の大人なんだよね。単なる口先だけの評論家とは、そこが違っています。

——駅前食品市場の中にあるカフェ兼立ち飲み場。ビニールの寒さよけの中に、カウンターを含めて一坪ほどの親密な空間がある。チャイ五〇〇円。

隈　こういう穴倉的な隠微空間って、都市のモラトリアムとして貴重ですよね。さて、下北沢で起こっていることを整理すると、要するに「開かずの踏切問題」が、すべての再開発計画のルーツになっているわけですね。

清野 そういうことになります。

隈 「踏切」というものは、今や貴重な文化遺産なのだから、それが残っている、ということをポジティブにとらえるというオプションがあってもいい。踏切のある風景っていいですよ。

清野 つまり、「踏切すいすい大作戦」は余計なお世話だ、と。隈さんからすごい論理が出てきました。

隈 車の時代が終われば、都市計画はまったく違ったものになるかもしれない。そのぐらいの発想の転換があってもいいってことです。

ファミレス、コンビニが誘導されるまちづくりは失敗作である

清野 でも、隈さんご自身が町を歩くなり、車を運転するなりしていて、「開かずの踏切」に毎日直面していたら、きっと違うことをおっしゃると思います。

隈 「開かずの踏切」が渋滞を引き起こし、住宅街に排気ガスを撒《ま》き散らすことで、地域

に迷惑を与えるということは僕もよく理解できますが、そもそもモータリゼーションを前提として町を判断するから、こういう再開発計画になっていくんです。下北沢ってファミレスが少ないですよね。新古書店の大型店舗もない。それとコンビニも少ない。

清野　代わりに個人商店の活気がある、という町です。

隈　二一世紀に町を再開発するなら、まず、道路を「敵」にする発想が絶対に必要です。ファミレス、コンビニ、新古書店が誘導される町は、まちづくりとして失敗だ、くらいに頭を切り替えなければ。

清野　日本の現実は、それがいかに難しいか、ということなのですが。

隈　そうですね。でしたら次に、踏切問題だけを解決して、道路はなし、という方策を検討するべきです。つまり鉄道を地下化して、広い道路は作らない。

清野　その場合、ごく単純にいうと、小田急電鉄が事業費をまかなうことになります。すると、運賃をとんでもなく値上げする必要が出てくるでしょう。

隈　まあ、それでは社会的なコンセンサスは得られないですね。

清野　だから公共的な意味合いからいって、道路特定財源を使うのだ、となります。私は決して道路特定財源の利用を肯定しているわけではないのに、そういう理屈に進んでしまいます。

隈　だったら税金は使わない、という選択肢を検討しましょう。道路特定財源制度ではなく、地区の中である種の開発を実行して、それを財源に解決を図る道はないのか、と僕は考えます。

清野　隈さん、さすがです。で、どうやって？

隈　駅前から少し離れた場所で、駅周辺の猥雑《わいざつ》さとまったく関係ないところにまとまった土地を確保して、そこだけ容積率を上げて商業的採算がとれる開発を行う、という途もある。それが駅の真上だったとしても、かまわないんじゃないかな。

清野　真面目におっしゃってますか。

隈　もちろんです。だいたい道路特定財源という、自動的に道路を作るような仕組みの税金は、インフラ整備ができてなかった二〇世紀、それも戦後復興期のもので、それを今の下北沢に適用しようとするのがムリですよ。

清野　実は小田急線の地下化では、道路を作らない、という選択肢もあるんです。

隈　どういうことですか。

清野　二〇〇一年に道路特定財源制度の採択基準の変更があり、鉄道の地下化は、踏切問題の解決になるのであれば、道路の新規建設と抱き合わせでなくてもいい、という判断が国からも出るようになったんです。

隈　だったら、それで解決するシンプルなオプションもある。

清野　シンプルに解決できないのは、複雑であることで利益を得る人がいるからです。

隈　都市計画って結局、「闘い」なんですよね。地主、鉄道会社、行政、住民、とさまざまな当事者が、それぞれの利益を守るために、都市計画という戦場で闘っている。今は、国と国とが闘う戦争の代わりに、都市計画という闘いが足元で始まっているのかもしれない。

清野　地元住民の間でも、今の路地的空間を愛する人、再開発で自分の土地にビルが建てられて儲《もう》かればいいじゃないか、と考える人、と、思惑はさまざまです。

隈　対立する「敵」の思惑、立場を理解した上でならば、闘いはいずれ何かに結びついていくような生産的なものです。でも、事情が複雑になればなるほど、今度は闘いそれ自体が、いつの間にか自己目的化していくこともある。

清野　私たちも当事者ですか？

隈　僕らのような、表面的には下北沢に縁のないように見える連中だって、タックスペイヤーなんだし、今の時代の法律や制度に人生を規定されているわけです。だから、そういう事情をちゃんと分かって発言する訓練をしなきゃいけない。下北沢は、その訓練のためには、またとない闘いの場ですよね。

清野　難易度はどのくらい？

隈　とても高いですよ。そもそもこの町って、いちばん二〇世紀的でない場所でしょう。

清野　どういう意味ですか。

隈　車がないと生活できないという二〇世紀的郊外ではなく、人の足を大前提とした品のいい住宅街で、結果としてキャピタリズムではなくリベラリズムで町が動いている。都市でなく、郊外でなく、ましてや田舎でもない、ある種、特権的な場所です。だいたい小田急電鉄[*13]という鉄道自体が、ちょっと浮き世離れした会社でしょう。だからこんな町が残っちゃった。浮き世離れは、時として時代の制約を超越した、とても面白いものを生むんですよ。

下北沢は、意に染まぬ結婚など必要ない

清野　逆に、二〇世紀的な場所とは、どういうところなのですか。

隈　たとえば、田中角栄のお膝元の新潟県の豪雪地帯のように、大量消費社会に転換する時点で、角栄の言う「改造」が切実に求められた場所のことです。そういう角栄的な制度と、下北沢のような東京の醱酵した私鉄中流文化は、そもそも合わないですよ。

清野　確かにまったく合いませんよね。

隈　下北沢は、気の進まない結婚なんかしないで、恵まれたモラトリアムを楽しんできた老いたお嬢さまなんですよ。昔、けっこう周囲にもいたじゃないですか。戦争のドサクサや何やかやで結婚しなかったけれど、別にそれが不幸でも何でもなかったという女性が。僕の身近にも、読書や芝居が好きで、年をとってもゴルフや麻雀といった遊びをマイペースで楽しんでいたような、独身の叔母たちがいましたよ。僕は、そういう叔母たちの醱酵臭が、実は大好きだった。

清野　隈さんのお話を聞いていて、思い出しました。ピアニストのフジ子・ヘミング[*14]さんも下北沢の住人で、二〇〇〇年公開の映画『ざわざわ下北沢[*15]』にも登場しているんです。

隈　フジ子・ヘミングが下北沢にいるんですか？　それ、分かりすぎるなあ。再開発というのは、そんな人に無理やり、つまらない結婚を強いるような行為で。

清野　同じ下北沢エリア、世田谷区代沢には、森鷗外《おうがい》の長女、森茉莉[*16]も住んでいました。

隈　元祖ですね。

清野　「老いた」までいかなくても、今はアラフォーの独身女性の存在が「晩嬢[*17]」などと名づけられ、消費市場でクローズアップされています。目もセンスも肥えた彼女たちが結婚するとしたら、よほどの相手でないと……という思いは強いことでしょう。

隈　でしょう。よくある道路抱き合わせの再開発なんかが相手だったら、それまで何のために結婚しないできたか、その意味すら失われてしまう。結婚って、つまりハコモノ建築のことですよ。いろいろな手続きを踏め、と周囲に強制されて、親とか親戚とか、わけの分からない人たちが次々と出てきて、人間関係にがんじがらめにされる。そういう旧弊な地方的因習です。

清野　では老いたお嬢さまはどう生きればいいのでしょうか。

隈　自由気ままを保ったまま、朽ちていけばいいんです。

清野　それって、超難しい……。

隈　そう。そこは非常に厳しい点なんです。モラトリアムは、若いうちは心地いい。ですが、それを一生貫くとなると、ものすごい精神的タフネスがいる。

清野　丹下健三の大建築時代から磯崎新《あらた》のポストモダンを経て、ポスト・ポストモダンの旗手として隈研吾が登場しました。しかし、旗手といわれた隈さんは今、大御所のポジションに移行しています。建築家の流れを概観しても、建築家が個人の名前で勝負をかけたのは隈さん世代までで、それ以降の世代の建築家たちは、自分たちの会社名に「みかんぐみ」*[18]「アトリエ・ワン」*[19]といった、ユルいセンスをあえて打ち出しています。「隈研吾建築都市設計事務所」と「みかんぐみ」って、すごく対照的なネーミングです。

隈　いえ、僕自身、『10宅論』（トーソー出版、一九八六年／ちくま文庫、九〇年）なんていう〝スタイルの決定不能論〟でデビューしたようなユルくていい加減なヤツだったので、下の世代による戦略的なユルさを否定する気持ちはまったくありませんよ。丹下健三、黒川紀章の時代、建築とは権威を補強するシステムのことで、そのシステムと最も相性のいいコンクリートが建築言語でした。僕はそんなマッチョなシステムに対抗するユルい価値をずっと建築に求めてきた。

というか、すべての創造はモラトリアムから出発する。悩みに悩んだ末に、新しいものが出てくるんです。そのだらしのない悩みこそが、価値なんです。現代の「ムラ」というものは、そんなモラトリアム人間に居場所を与える、空間的な仕組みの別名なんです。

清野　ただ、モラトリアムって、生きる感度が鈍く、展望がない方向にも、容易に転化しますよね。人それぞれの生き方にまでは関与はしませんが、やはり建築言語には鋭さはほしいし、それはまちづくりに関しても同じです。

隈　確かにモラトリアムの解釈は微妙なものですね。学生時代にただモラトリアムの中にだらだらいて、就職したらしたで、サラリーマンというモラトリアムに移行しただけ、という若者も山のように見ていて、教師の立場からすると、「オマエら、いい加減にしろ！」って言いたくなる（笑）。

清野　その意味で確かに、下北沢は戦略的なモラトリアムの受け皿でもあるんです。たと

ブックカフェ「気流舎」

えばこんなブックカフェを見つけました。代沢三叉路の近くにある「気流舎《きりゅうしゃ》」です。社会科学系の古書を扱うこの店のオーナー、加藤賢一さんは一九七五年生まれ。大学では物理学を専攻しましたが、中退してデザイナーに進路変更し、日本デザインセンターに勤務しました。

隈　デザイナー志望の若者としては順調な就職先ですよね。

清野　ところが、彼は会社の仕事がまったく面白くなかったそうです。その理由は「高度成長期の企業、大量消費社会を何の疑問もなく肯定するものだったから。企業の言うなりに何かをデザインするのはつまらない」。会社を辞めることに躊躇《ちゅうちょ》はまったくなかったそうです。

隈　いいことを言いますねえ。そういう自己懐疑、自己否定というものは、都市計画のような仕事に最も必要とされるものなんです。というか、セルフ・デプリシエーション（自己懐疑、自己否定）のない人間は、都市計画みたいな危ない仕事に携わってはいけない、とすら思う。

先ほど、都市計画というのは「闘い」のことだ、って言いましたけど、利害が反する相手の立場がよく分かって闘った時に、この闘いは初めて、豊かな結果を生むんだよね。相手の立場がよく分かれば、当然、セルフ・デプリシエーションやユーモアも生まれてくる。相手を認めないぞ、という子供のケンカでは、都市なんて作れるわけがない。

都市計画は、その辺のオバチャンが笑えるものでなければならない

清野　加藤さんとお話しするのは面白かったです。企業組織を抜け出して個人商店を構えたという転換にユルさはなく、むしろ鋭く、美的な感覚を持って社会に向き合っていると思いました。

隈　あれだけ中央集権的、官僚的なフランスの国家体制の中で、パリという美しい首都が成立しているのは、都市計画に携わる人たちの間に健全な自己否定があるからですよ。それはつまり諧謔《かいぎゃく》性のことで、インテリジェンスと必ず一対になっている。特にフランスではそれが顕著で、彼らの間ではウィットやエスプリを伴わない都市計画はないんです。僕もフランスに事務所を開いて、フランス人というインテリジェンスとウィットとの間を往復し続けるプライドの高い人たちとつきあうのは本当にしんどい、ということが身に染みて分かりましたが、同時にとても面白い。

清野　隈研吾以降の建築家に、そういうウィットはありますか。

隈　それこそ「アトリエ・ワン」とか、藤本壮介[*20]とかは、諧謔性を持って表現を開拓していますよ。ただ彼らにしても、ウィットは狭い建築家の輪の中だけに留《とど》まっている嫌いがある。都市の諧謔性というのは、道を歩いているその辺のオバチャンに通じるものでなければ、本当の力にはなりません。一九六一年には丹下健三が「東京計画」なんていう巨大な都市計画を打ち出して世間をびっくりさせたけど、オバチャンのリアリティとは関係なかったもの。

清野　「東京計画」という名称は初めて聞きましたが、今や時代錯誤というか、レトロというか。

隈　正確には「東京計画１９６０」と言うんだけど、高度成長にさしかかって、でも実質的に公的なもの、政治的なもの、経済的なもの、すべてが下降線に入った時に、落日のエリートがムリにその右肩下がりの流れに対抗して描いた、現実離れの妄想にすぎなかった。落日に身をまかせて腐っていく勇気がなかったんだよね。

清野　そう言い切ってしまいますか。

隈　だから、笑えるどころか、寒すぎた！

　都市計画はオバチャンを巻き込まないといけないし、そのためにはユーモアのセンスがいる。お笑い芸人は、同世代だけじゃなく、ちゃんとオバチャンだって笑わせられるじゃないですか。この間、大江健三郎と一緒に講演して、彼の話を聞く機会があったのですが、その面白さといったら、よしもとの芸人以上のものがありました。あの人は結局、芸人なんです。建築家もそのぐらいのユーモアセンスを持たないと、世間はのってこないし、都市は変えられないよ。腐っていく時代にこそ、笑いがいる。

清野　必要な目線は、大都市の権威に「すがる」ことではなく、「笑う」ことなんですね。
それこそ下北沢にふさわしい感じがします。

注1　石川栄耀　一八九三（明治二六）年山形県生まれ。一九四四（昭和一九）年に東京都計画局都市計画課長、四八年建設局長に就任。東京の戦災復興計画の担い手となる。その構想は、東京区部の全人口を戦前の半分程度に抑える、三五の区を一定人口を単位として再編する、区と区の間には広い緑地を設ける、などという、理想主義を背景にしたものだった。五五年没。

注2　安井誠一郎　一八九一（明治二四）年岡山県生まれ。一九四七年、当時の日本自由党と民主党の支持を得て都知事に当選、以後三期にわたって在職。安井が理想よりも現実を優先したことと、四九年から始まった国の緊縮財政により、石川栄耀の戦災復興計画は大部分が不採用となり、東京の大都市化が推進される。後にこれが東京の過密などを招いた。六二年没。

注3　美濃部亮吉　一九〇四（明治三七）年東京都生まれ。六七年から三期にわたり、社会党や共産党を支持基盤とする革新派として、東京都知事を務めた。八四年没。

注4　後藤新平　一八五七（安政四）年岩手県生まれ。南満州鉄道初代総裁、内務大臣、東京市長などを歴任。関東大震災後、帝都復興院総裁として、大規模な区画整理、公園や幹線道路の設置、整備を伴

う復興計画を立案したが、帝都復興審議会や政友会によって、当初政府案の予算を三分の一近くまで削減され、計画の大幅縮小をやむなくされた。一九二九（昭和四）年没。

注5　東京中央郵便局の旧庁舎の保存　逓信省営繕課・吉田鉄郎設計による旧庁舎は、戦前の優れたモダニズム建築として丸の内の景観の重要な要素とされていたが、二〇〇七年の郵政民営化前後から、超高層化の再開発案が浮上、保存を望む市民との対立が生じた。〇九年、鳩山邦夫総務大臣（当時）は、文化庁による旧庁舎への評価を根拠に、旧庁舎のむやみな取り壊しを公に批判、日本郵政の西川善文社長（当時）との対決姿勢を示した。後に計画の見直しで旧庁舎の保存部位は当初予定の二割から三割へと増加されたが、保存派とのコンセンサスは取れないまま、工事は進行。一二年竣工《しゅんこう》予定のＪＰタワー（仮称）は、高さ二〇〇メートル（地上三八階）の超高層ビル。

注6　本多劇場グループ　北海道出身の映画俳優だった本多一夫が、下北沢でバーを開業したことを機に、飲食業で成功。一九八一年オープンの芝居小屋「ザ・スズナリ」を皮切りに、八〇年代の小劇場ブームを追い風に、周辺に芝居小屋を次々と展開して本多劇場グループを形成した。本多は、「本多劇場」が入っているマンションをはじめ、不動産事業を営む実業家としても知られる。

注7　カトリック世田谷教会　一九四八年建造。鉄パイプと木造による聖堂は、ロマネスク様式で、丸天井も持つ。ゆるやかな崖地に立つ建物と芝生の調和が穏やかで美しく、地域住人の憩いの場になっている。

注8　原宿セントラルアパート　一九五八年に表参道と明治通りの交差点の一角に完成した原宿セントラルアパートは、六〇年代から八〇年代初めにかけて、デザイナー、カメラマン、コピーライターら時

代の先端をいく人々が事務所を構えた。キッチュな雑貨店、サブカルチャー的なブティックなどがひしめく雑居フロアの「原宿プラザ」が地下一階にあった。

注9　モテない系女子　二〇〇〇年以降、本当にモテないのではなく、モテるために男性に媚《こ》びたライフスタイルを選ばない女子たちが登場。メジャーやメインストリームに価値を置かず、サブカルチャー、ストリートカルチャーが大好き。

注10　道路特定財源制度　一九五三年、田中角栄などにより議員立法で作られた税制度。財源は、受益者負担の原則に基づいて徴収される、揮発油税、自動車重量税など。主として道路の建設、維持費用にあてられるが、道路利用者の安全性や利便性の向上を目的とする、鉄道のインフラ整備や街路樹の維持管理などにも使用される。線路を高架化、地下化する連続立体交差事業の場合は、国の補助のもと、自治体が事業費の九割程度を負担する。二〇〇九年に制度廃止が決定、各税金は一般財源化された。

注11　下北沢再開発事業費の内訳、鉄道・運輸機構からの小田急への発注　世田谷区議会議員、木下泰之さんらの調査による。

注12　市民が望む・下北沢のまちづくり計画案　下北沢の再開発については、ハーバード大学、慶應義塾大学、明治大学の大学院生たちがアイデアを寄せた。エコロジー都市として知られるブラジル・クリチバ市の元市長ジャイメ・レルネル氏も、細長い地下化跡地に文化施設や店を並べた「線状文化センター」のある遊歩道という構想を提案した。この他、市民グループによる案や市民の意見なども取り入れて、「下北沢フォーラム」がこの計画案をまとめた。

注13　小田急電鉄　一九二三（大正一二）年、利光鶴松が、経営していた鬼怒川水力電気株式会社を親

会社とする、小田原急行鉄道株式会社を創立。四一（昭和一六）年、親会社と合併、小田急電鉄株式会社となる。新宿から渋谷区、世田谷区を横断して神奈川県へ至る郊外型私鉄として成長。東京で私鉄のストライキが盛んだった七〇〜八〇年代にも、列車運行の差し止めを行わない鉄道の一つとして有名だった。

注14　フジ子・ヘミング　一九三二（昭和七）年、ドイツ生まれ。ロシア系スウェーデン人を父に、日本人を母に持つ。東京音楽学校（現・東京藝術大学）卒業後は音楽活動を行い、後にベルリンに留学。早くから将来を嘱望されながら、国籍取得のための苦難や聴覚の障害などにより数奇な半生を送る。九九年のＮＨＫのＥＴＶ特集『フジコ〜あるピアニストの軌跡〜』が話題となり、多くのファンを獲得した。

注15　『ざわざわ下北沢』　市川準監督の映画で二〇〇〇年公開。一九九八年に開業した映画館「シネマ下北沢」（後に「シネマアートン下北沢」、〇八年閉館）の支配人らが、下北沢への愛を込めて企画した。原田芳雄、フジ子・ヘミング、岸部一徳、テリー伊藤、柄本明、豊川悦司、鈴木京香、広末涼子、田中麗奈、樹木希林、渡辺謙ら、多彩なキャストが出演。

注16　森茉莉　一九〇三（明治三六）年東京都生まれ。小説家、エッセイスト。森鷗外の長女。二度の離婚を経験、その前後から文筆活動を始める。代表作に『甘い蜜《みつ》の部屋』『恋人たちの森』『贅沢《ぜいたく》貧乏』など。現実離れした感性と美意識は他に類がなく、現在に至るまでファンを獲得し続けている。五一年から八三年まで現在の代沢四丁目に住んでいた。八七年没。

注17　晩嬢　博報堂生活総合研究所の山本貴代が、『晩嬢という生き方』（プレジデント社、二〇〇八

年）で、三〇歳以上の晩婚、晩産の女性たちを「晩嬢」と名づけ、その旺盛な消費形態を分析した。

注18　みかんぐみ　一九九五年、加茂紀和子、曾我部昌史、竹内昌義、マニュエル・タルディッツの四人により設立。代表作に、東京日仏学院（東京都新宿区）の改修、ＮＨＫ長野放送会館（長野県長野市）、神奈川県横浜市のアーティスティックな拠点、BankART Studio NYKの改修など。

注19　アトリエ・ワン　一九九二年、塚本由晴、貝島桃代により設立。個人住宅、集合住宅などの小規模建築や、展覧会でのインスタレーションなど、ユニークな作品を手がけている。名称の「ワン」は犬の鳴き声からとっているため、英文表記は「Atelier Bow-Wow」となっている。

注20　藤本壮介　一九七一年北海道生まれ。二〇〇〇年、藤本壮介建築設計事務所を設立。〇八年、北海道伊達市の情緒障害児短期治療施設の設計で日本建築大賞受賞。

第2回「高円寺」

Introduction by 隈研吾

中央線ムラに今も作用する軍隊の磁力

僕自身の青春は、中央線沿線とは縁がなかった。生まれて育ったのは渋谷と横浜を結ぶ東急東横線の沿線で、幼稚園、小学校も東横線に乗って通っていた。東横線文化にどっぷり浸《つ》かった感性からすると、中央線は暗く重く感じられて、足を踏み入れる気にならなかったのである。その暗く重い感じはどこから来ていたのだろうか。

方位の先に何が控えているかが、その方位自体の性格を規定するという法則は、世界のどの都市にも共通する。人間の心理の一つの不思議さである。東京でいえば、東北本線の先には、東北地方に対して東京人が抱いているイメージが漂い、中央線の周辺には、山梨や長野の方向に対するイメージが投影されてきた。東京から見て、横浜そしてその先にあるかつての「文明先進地帯・関西」イコール南西方向を明るく感じるということが、僕の感覚にはあった。

もう一つ思いつくのは国鉄（現・JR）対私鉄という対照性である。国鉄的なものは、規律、固さ、つまらなさを連想させ、私鉄的なものは、自由、軽やかさ、面白さを連想させる。その意味でも、自分の育った東横線から見て、中央線方向には足が向かなかった。

しかし今回、高円寺を歩いてみて、都市の中に埋蔵されていた、もう一つの強力な磁場を意識せざるをえなくなった。それは何か。「軍隊」である。正確にいえば、軍隊という活動によって都市の中に深く埋め込まれた、強く、そして消しようのない強力な磁場である。

経済、政治、教育をはじめとして、人間にはさまざまな活動の領域があるが、軍隊という活動が都市に対して及ぼす潜在的な力は想像以上に深く、重いのではないか。対談にも出てくるように、中央線沿線は陸軍と縁が深かった。中野にあった陸軍中野学校の持つ暗い歴史を知らない人はいない。陸軍関係者も中央線沿線に多く住んでいた。第二次世界大戦後、日本では経済を中心に国が回り始め、軍隊的なるものを可能な限り抑制しようというベクトルが働いた。にもかかわらず、軍隊的なるものの刻印は、都市から容易に消えることはなかった。近年、防衛庁（現・防衛省）の本庁が六本木から市ヶ谷駐屯地という中央線方向へと移動したことさえ、この軍隊的地勢学のなせるわざではないか、と思えてくる。

軍隊はなぜ、場所に対してそれほど力を持つのだろうか。持ち続けるのだろうか。

それは、軍隊が人の生死に深く関わるからだ。流れた血が一度、土に深く浸《し》み込んでしまえばぬぐい切れないように、あるいは、埋めた屍《しかばね》が土に還ってしまえば、それが場所そのものになってしまうように、軍隊的活動は一つの場所に深く、深くクサビのようにくい込んでいく。

それだけではない。道路や鉄道といった都市の基幹的インフラも、軍隊的な活動に基づいて、建設が進められてきたという経緯がある。かつてローマ帝国において繁栄の基礎を築いたのは、「すべての道はローマに通じる」といわれた道路システムであった。その道路建設はすべて、軍隊の手によって執り行われた。軍隊のような厳しい規律、大規模なロジスティクス（補給路）のシステムを持たない限り、未開の地に道路を建設していくことは不可能だったからだ。

その事情は近代以降の道路と鉄道においても同様だった。軍隊的な主体のみが、道路、鉄道を建設することが可能であり、そのことで、たとえ建設の主体が軍隊でなくとも、その性格は軍隊的なものにならざるをえなかった。日本の政治には「道路族」「鉄道族」という言葉があるが、そのような色がつくほどに、道路・鉄道という存在は、その主体を軍隊的色合いに染め上げていたのである。

暗い強制の見返りとして生まれる、ムラ的な抱擁

今日、そのような軍隊的主体は人々から冷たい目で見られることが多い。リベラルな世の中で、規律に貫かれたグループは、特異な色合いを帯びて見える。それゆえ近年、「道路族」は、政治の世界でも、官僚の世界でも悪玉にされてきた。軽やかさが善とされる今の風潮の中で、軍隊的なるもの、その延長にある道路的なるものは嫌悪されるのである。

しかし今回、中央線沿線を歩いて、この軍隊的主体の残る風土の中から、僕は新しい都市の可能性を発見した。これは自分にとって意外な、そして大きな収穫だった。軍隊的なるものは、時に死を強制するほどに人を厳しく縛る一方で、その強制の見返りとして、成員をどんな組織よりもやさしく、温かく抱擁する。「戦友」は時として親子以上に強い絆《きずな》で結ばれる。軍隊とは厳しく、同時に、限りなくやさしくてウエットな組織だ。そして、血縁や地縁が崩壊した時、軍隊的な結束、仲間意識がその崩壊を補完する。これをムラ的

抱擁、ムラ的抱きしめ感と呼んでもいい。そのウエットなやさしさ、温かさが、今の中央線文化にも息づいているように感じたのだ。寒い冬の日に歩き回ったにもかかわらず、あるいはそんな日であったからこそ、中央線沿いのストリートは僕を思いがけなく温めてくれた。

都市の新しい可能性。徹底的に解体された後の新しい連帯。新しいコミューナルなものの可能性。それらが、この中央線沿線で小さなつぼみを開かせつつある。そのつぼみは軍隊が流した血と汗を養分として膨らんだのではないか、と想像さえしてしまう。そんなロマンチックな言葉を記したくなるほど、血と汗の浸み込んだ軍隊的な風土の抱擁力は、この地に、しぶとく作用している。

Dialogue by 隈研吾×清野由美

☆町の概要　住所表示では杉並区高円寺北と高円寺南。ＪＲ中央線「高円寺」駅の一日乗客数は約四万九〇〇〇人。東に中野駅（中野区中野）、西に阿佐ヶ谷駅（杉並区阿佐谷）が隣接。

高円寺を「ムラ」たらしめているものとは

――冬のある日、二人は高円寺にいる。

清野　クリスマスもお正月も過ぎて、町はまったくフラットな灰色の中に沈んでいますね。

隈　僕はこの何十年か、クリスマスを日本で過ごしたことがないんです。

清野　お忙しいから。

隈　忙しいことは確かですが、意識して日本から遠ざかっていることもあります。

清野　それはなぜですか。

隈　日本の、あの無意味なお祭り騒ぎを見たくないんです。

清野　でしたら、来年からは高円寺で過ごされるといいのでは？　私はまさしくクリスマス・イブの日に、高円寺界隈《かいわい》をロケハンしていましたが、クリスマスのお祭り騒ぎなんて、ほぼ関係ありませんでしたよ。夜になって、コンビニの店先でケーキを売っているのを見て、ようやく、ああ、今日はイブだった、と気づいたほどで。
隈　それ、まずくない？
清野　確かに、それはそれで。でも、私が言いたいのは、高円寺界隈って、やさしい町だな、ということなんです。
隈　そう。その意味ではやさしい場所ですよね。無理やりな全国的商魂に巻き込まれないで済む。
清野　実家がもともとは高円寺の乾物屋さんだった、作家のねじめ正一*1は『高円寺純情商店街』で直木賞を受賞していますが、その彼が高円寺について語っている言葉が、「起伏がなく、街に癖がない、景気の変動に無関係な『ぬるい街』」。
隈　「高円寺純情商店街」って、駅の北口を出ると、すぐ目の前に看板が出ているんですね。実在するんだ。
清野　高円寺は商店街がたくさんある町なのですが、この小説のヒットを機に、「高円寺銀座商店会」という名前だったのを「高円寺純情商店街」に変えたんです。
隈　ほろっときそうなネーミングだけど、純情商店街って、響きは暗いですよ……。

清野　そもそも、なぜ私たちが高円寺を歩くことになったのかというと、その「暗さ」にこそ、ムラの可能性はあるのではないか、と期待を込めたからです。

隈　その意味では期待通りの雰囲気がありますね。駅前にちょっと立ってみただけでも、下北沢との違いは明らかですし。下北沢は、ムラはムラでも、近代デモクラシーとか、近代キャピタリズムとか、とにかく私鉄沿線が象徴する近代性の中に存在しているムラですよね。でも、高円寺はもっと遡って、前近代の雰囲気があります。

清野　前近代って……。

隈　中央線沿線、特に中野から高円寺にかけては、私鉄沿線に広がった昭和の新興住宅地とはまったく違う匂いがある。とにかく歩いていきましょうか。

湯と石鹼《せっけん》の香り漂う商店街

清野　隈さんは前回の下北沢には、あまり縁がないとおっしゃっていましたが、高円寺界隈はいかがですか。

隈　僕は東急の東横線沿線で生まれ育ったから、この中央線沿線独特の暗さというのが、ある年までは耐えられない感じだったんです。だから、ほとんどといっていいほど縁がなかった。

清野　高円寺界隈は、もともと決して暗い土地柄ではないのですが。ここは基本的には戦前から開けていた、昔ながらの落ち着いた住宅街で、今も広い範囲にわたって木造の戸建て住宅が残っています。戦後はそんな住宅街の人々の需要に応えるように、駅前に商店街がたくさんできました。

隈　ちょっと見渡しただけでも、いろいろな商店街の看板がありますね。

清野　北口には、先ほどの高円寺純情商店街の他に、「あづま通り商店会」「中通り商栄会」「北中通り商栄会」、南口には「パル商店街」「ルック商店街」「エトアール通り商店会」など、大小の商店街がいくつもあります。それとは対照的に、大きなスーパーやロードサイド的なメガ・チェーン店がないのも特徴です。

隈　まあ、それだけなら、中央線沿線に限らず、東京の他の町と、あまり変わりないと思うんだけど。

清野　そうですね。では、高円寺を「ムラ」たらしめているのは何か。それを一言でいう

高円寺駅北口の「中通り商栄会」

と、サブカルチャー、もしくはアングラカルチャー、これに尽きるんですね。高円寺は昔ながらの戸建て住宅と同時に、安めのアパートやワンルームマンションの数も多いところなんです。ほら、こんな、木造モルタルのアパートが駅前にまだけっこう残っている。

隈　建物の中央に共同の玄関があって、左右に六畳とかの部屋が並んでいる形式ですね。本郷とか早稲田とか、昔の学生街によくあった作りですね。

清野　そのような受け皿を温床に、地方から出てきた学生やフリーターが、最初に一人暮らしを始める町なんですね。中央線沿線というのが、また大学や専門学校の多いところですし。

隈　ここ、商店街の真ん中だけど、お湯と石鹸の匂いが漂ってきませんか？

清野　駅近くにも銭湯がまだ残っているんです。それも一軒だけでなく。

隈　町に匂いがあるっていいですね。現代人は視覚だけで町を判断するから間違うんだよね。あっ、ここの店のハンバーグ定食って、四五〇円だって。安くない？

清野　高円寺ではけっこう普通です。他にも、焼肉定食とか、ラーメン定食とか、ファストフードのチェーンでは全然ないけれど、値段はファストフード並み、という飲食店が多いんですよ。

隈　なるほど。サブカルチャーの担い手にまず寝床を供給し、ちゃんと食べさせてもくれる町なんだ。「下流社会」を代表するようなところなんですね。

今、隈研吾自身が、けっこう「下流化」しています

清野　高円寺は昭和時代の初期から東京の中流住宅街として発展しましたが、昭和後期に若者民衆化が進み、二一世紀に「下流」の拠点に変化した町といっていいでしょう。念の

ため、ここで申し添えておきますと、私たちが語る「暗さ」や「下流」という言葉には、ネガティブ、ポジティブ、どちらの意味もありません。「暗さ」もしくは「下流」を文字通りの意味でとらえるわけではなく、かといって、それが人間らしい生き方なんだよ、と思い入れるわけでもない。社会と町、ムラを考察する時の、一つのキーワードとしてとらえています。

隈　その意味では、今、隈研吾自身がけっこう「下流化」していますよ。

清野　隈さんが活躍されている都市開発は、語句のカテゴリーでいうと、はっきり上流だと思うのですが。

隈　都市開発って、どうしても上流しか相手にしないんですよね。上流の人たちの欲望、お金を頼りにすることで都市を更新するというのが、二〇世紀の都市計画だった。六本木ヒルズだって東京ミッドタウンだって、下流とは何の関係もないでしょ。だから今まで、都市計画とか建築計画とか、とにかく「計画」と名のつくものは、上流的なものとだけ伴走してきた。でも、はっきりいって、上流のための都市計画って、世界中同じだし、退屈なんですよね。第一、今、華やかなものに全然、興味を惹かれないもの。西麻布的なクールなものからどんどん離れつつある。

清野　それは隈さんの建築の方法論が、ということですか？

隈　そうですね。

清野　それ以前に、隈さんが西麻布的なものを有効だと信じていた時代はあったのですか。

隈　バブルに至るまでの時代は信じていました。建築とか、都市開発とかいうのは一種のゲームであり、そのゲームを、西麻布的なもの——たとえば表面性、快楽性、レトリックとか数字とか、そういうもので突き抜けられると、三〇代までの僕は思っていたんです。

清野　とはいえ、シニカルがそもそもデフォルトである隈さんが、ただ単純にゲームを遊んでいただけとは思えませんが。

隈　ゲームという発想の前に、僕自身が日本の近代デモクラシーの限界を抱えた世代、という前提はあります。

清野　隈さんが西麻布的な方法論の限界を知ったきっかけは何だったのでしょう。

隈　きわめて単純で、バブルが崩壊した後、東京で仕事がなくなったことです。ある時を境に、頼まれもしなくなりましたから。それで西麻布的なものは、ゲームを突破する手段どころか、経済的にも成立していない、ということが分かりました。

清野　バブル崩壊後、「失われた一〇年」と呼ばれる一九九〇年代に、隈さんは地方での建築に力を注がれましたよね[*2]。

隈　あれ、都落ちとか悪口を言われたけれど、僕としてはすごく楽しくて豊かな時間でした。その間に取り組んだ「那珂川町《なかがわまち》馬頭《ばとう》広重美術館」（栃木県那珂川町）や「石の美術館」（栃木県那須町）が評価されて、二一世紀にまた東京での依頼が復活するのですが。

清野　地方を経由して東京に再び戻って、建築家としての自信は取り戻せましたか。

隈　そこがまた複雑なのですが、一言でいうと、そんなことはなかったですね。

清野　六本木ヒルズや、東京ミッドタウンなど、二一世紀初頭の東京を象徴するプロジェクトに起用されても、それを経た後の実感は「勝ち」ではない？

隈　極論すれば、東京のビッグプロジェクトはすべて、金融ファンドというヴァーチャルなシステムに乗っかったプロジェクトで、人間がそこで生きる、という建築としてのリアリティは確立できませんでした。だから東京では、二度にわたって挫折したといっていい。

日本の中心に空虚がある

清野　逆に、二一世紀東京に出現した他の建築を見て、これはやられた、という悔しさを感じることはありましたか。

隈　それはさらに全然なかった。丸の内にしろ、汐留《しおどめ》にしろ、日本を代表するエリアでありながら、アーバンデザインという観点で見れば、一つの個性的なゾーンを作ろうという気概はゼロです。金融ファンドによるヴァーチャルなドリームよりも、さらにリアリティがなかったから。金融ファンドはドリームという点でそれなりに勝負していたから、地に足は着いていなくても、迫力はあった。

清野　丸の内、汐留は以前『新・都市論ＴＯＫＹＯ』で歩いたエリアですね。

隈　そこから僕が見出したのは、日本って結局、中心部はひどく空虚だということ。中心にいるエリートは馬鹿ばっかりだってこと（笑）。その虚《うつ》ろな中心の周りにある場所の輝きが、空虚さをかろうじて隠蔽《いんぺい》し、救っている、という事実でした。ロラン・バルト[*3]は、『表徴の帝国』の中で、東京の中心に皇居という空虚がある、というようなことを書いているわけだけれど、実は皇居だけでなく、その周りに、もっと広く、ずっと虚しいエンプティネスが存在しているんだよね。

清野　そう言われると逆に、都市・東京が詩的な場所だと思えてしまいますがね。

隈　僕が感じる中心部のエンプティネスは、日本の官僚組織や大企業の虚ろさに対応しているのかもしれません。だからこそ今、ムラ的なものに興味は向かっているわけですし、ムラを再生し、ムラを輝かすにはどうしたらいいんだろう、ときちんと考えてみたい。

清野　ということで、私たちは寒さの中の高円寺にいます。

隈　僕、本当にこのあたり、知らないんですよね。たとえばどんな店が象徴的なのですか。

清野　歩きながら、思いつくまま挙げてみましょう。たとえば、レンタルＤＶＤ／ビデオショップの「オービス」。ここの品揃《しなぞろ》えは、映画好きにはたまらないものがあります。ゴダール、トリュフォー、ブニュエル、ジャン・ルノワール、寺山修司とマニア系がざくざくあって、さらに若松プロの諸作品など、マニアからもう一歩深まった作品も網羅しています。飾りも何もない店内ですが、ハリウッドの大作ばかりが目立つ普通のレンタルショップとは、明らかに違う空気が流れています。

隈 へえ。小津安二郎や黒澤明の全集は普通に並んでいるし、溝口健二、成瀬巳喜男、鈴木清順とか、邦画もいいラインナップですね。

清野 美輪明宏が主演した『黒蜥蜴《くろとかげ》』なんてのもありますよ。ハリウッドの金儲けとしての映画とはまったく別の、表現としての映画作品が選ばれていますね。

隈 建築もつまるところ、そういうものなのですが、映画なんかは人間のやむなき「表現」の最たるもので、こういうラインナップでちゃんと商売ができているのを見るとうれしいです。

清野 ここから「あづま通り商店会」に行くと、またポツポツとユニークな店が出てきます。

隈 ここの商店街はBGMに童謡を流していますね……。

清野 昔のままなのか、あえて狙《ねら》っているのか、ちょっと分からない。

隈 ほっとするのか、怖いのか、そこも判然としない。

清野 あづま通りにある「古本酒場コクテイル」（二〇一〇年に北中通りに移転）は、古書店と飲み屋が混じったような場所で、夕方に開店します。「本」、中でも「古書」というのは、現代のムラを語る時に必須のキーワードなのですが、こっちにある古本屋「ZQ」は、あまりにもアナーキーな品揃えに啞然《あぜん》としてしまいます。

隈　昔のアイドル雑誌、プロレス本、心霊本とか。

清野　窓際には安藤昇、加藤茶のブロマイドや、話題の奈良県キャラクター「せんとくん」のクッションとかコップ。

隈　レゲエの中古CDもあるね。こんなの、よく売ろうとするなあ……。

清野　そうそう、こんなもの、よく売れるよなあ、という驚きは、「ムラ」という以上に高円寺を象徴するセンスなんです。B級どころか、C級、D級品が平気で店頭に並んでいる。「ZQ」の店名は、それすらも超えた「Z級」を表したとのことですし。四五〇円のハンバーグ定食がフツーに思えてくるでしょう？

隈　マッサージ店の看板も異常に多くないですか？

清野　確かに多いです。でも、マッサージ屋さんは、不況の昨今、どこでも多いんです。高円寺の驚きには、特には含まれないと思うのですが。

都市の周縁に存在する〝福祉機能〟

隈　実は、僕はちょっとしたマッサージマニアで、それも「待たないマッサージ屋」が好きなんです。

清野　待たないマッサージ屋？　いや、おっしゃることは分かるような気がしますが、隈さんのイメージとはちょっと違う感じがいたします……。

隈　そんなところにも隈研吾の下流化を意識せざるをえないんだけど。ただ、アジアの都市におけるマッサージ産業の果たす役割って、とても面白いな、と僕は考えているんですよね。あれは福祉ビジネスの一形態とも考えられます。あからさまではないけれど、マッサージ屋という形で、都市の中に福祉的な機能が浸透しつつある。その静かなる浸透が、これからのムラをムラたらしめる一つの指標になるかもしれないと思っているんです。

清野　どういうことでしょうか。

隈　二〇世紀はまだ都市の外に村があって、そこに福祉系機能が内包されていたわけですよね。宮台真司の言い方を真似すると、孤立してしまった弱い個人を抱擁する機能が都市外の村にはあったんです。一方で、都市計画は大きくいうと、商業系、住宅系、業務系（オフィス）という、三つの機能で土地と空間を分類した。そのゾーニングという手法が、二〇世紀の日本では、本来の村である地方にまで行き渡り、結局、都市の外にも村がなくなってしまったわけです。

清野　そうやって作ってきた都市的な場所が、発信源の東京でも行き詰まっていますよね。

隈　そうです。都市はすでに、商業、オフィス、住宅需要に頼るだけでは生きていけない。これからは、福祉系みたいな、孤立した個人を抱擁する新しい機軸が、絶対に必要になりますね。

清野　マッサージ屋さんはさておいて、高円寺ならでは、で言いますと、古本屋さん、古着屋さん、古道具屋さんという三大古物店ですね。加えて今、高円寺駅周辺には、焼き鳥屋さん、焼き豚《トン》屋さんが、すごく増えてるんですよ。

隈　歩いていると、本当に目につきますね。それも、オープンテラスというのでしょうか、半戸外の、屋台に毛がはえたような店。そこから出る煙が、銭湯に加えて、町の匂いを作っています。

清野　椅子は瓶ビールを入れるプラスチックケースに座布団、テーブルはその上に間に合わせの板を渡したようなもの、という非常にラフな造りの店ですよね。こういう店の夕暮れ時の賑わいというのは、けっこう、びっくりするくらいのものなんですよ。南口ガード脇の店は若者グループが多くて、ちょっと町の奥に入ったところは、中年男性の一人客が目につく、という色分けはあるのですが。

隈　この南口のガード脇の雰囲気は、バルセロナみたいですね。

清野　バルセロナ？　スペインの？

隈　はい。港のそばにある、魚介類を食べさせる猥雑な飲食店街。僕、こういう店って好きなんですよ。

清野　あ、じゃあ、寄っていきますか。

隈　いや、残念ながら今日も時間がないんです。

清野　今日も。

隈　だから、こういうところが好きなのに、今に至るまで、こういうところに行けない淋《さび》しい人生を送っているんだなあ。

清野　この間、友人と一緒にこの焼き豚屋《トン》さんの店先で飲み食いしましたが、二人でホッピーと焼き豚、つまみいろいろで四〇〇〇円ほどでした。とてもお得な感じでしたよ。

隈　いい店じゃないですか。

西麻布を蹴散《けち》らす濃い店たち

隈　こういうところで飲み食いしている若者は、どんな人たちなんでしょうか。

清野　若者に聞いてみますと、まず返ってくる答えが、ミュージシャンかアーティストですね。

隈　それって、フリーターのこと？

清野　そうとも言いますね。メインストリームの商業主義には背を向けて、インディーズやアングラシーンで俺たち、私たちはやっていくのだ、という人たちです。南口にあるCDショップ＆ライブハウスの「円盤」に行くと、そんなインディーズ魂にもろに触れることができます。階段を上がって店内に入ってみましょう。

隈　ここ、ものすごく素っ気ない作りの店ですね。全体の空気がモノトーン。CDジャケットの文字も、手書きのモノクロ・コピーだし。

清野　この、何というか、ワンルームマンション的な現実感と等身大感が、西麻布的な手法に馴《な》れた目には、逆に新鮮といってもいいかもしれません。要するに、売るための空間デザインというものを、まったく意識していない。客に対する媚びというものが、まったくない。

隈　西麻布的な手法、あるいはドン・キホーテ的な手法の対極。そういうものへの批評、すなわちデコンストラクションを果たしていますね。

清野　「円盤」がある通りのちょっと先のガード下には、ゴジラ人形をはじめとしたコレクターアイテムを集めたショップ「ゴジラや」があります。

隈　ゴジラ人形って、六〇年代に流行したソフトビニール製のあれ？

清野　そうです。まんまのネーミングです。ゴジラだけでなく、ウルトラマンとか、そのウルトラマンシリーズに登場した怪獣たちの人形とかが、店内のショーケースにごっそりと並べられています。マニア以外には「？」という感じではあるのですが、とにかく店内には異様なエネルギーが渦巻いています。

隈　中央線沿線でいえば、「中野ブロードウェイ」とかが代表するマニア、オタクの感性ですよね、それは。

清野　隈さんはオタクだったりしますか。

隈　いえ、僕は今までオタクだったためしがない。その意味ではずっとオソトです。

清野　オソト。面白い言葉ですね。

隈　そもそも建築って、あまりにも毎日毎日、現実を突きつけられる世界だから、ファンタジーにいくヒマがないんです。でも実は僕、ゴジラ、好きなんですよね。

清野　それはオタク的な意味ではなく、東京の大建築をガシガシと踏みつける、というところに惹かれるんじゃないですか。

隈　あはは。精神分析的にいうと、その「代償行為」っていうやつかもしれない。

清野　「ゴジラや」の先をガード沿いに行って中央線の高架を北に抜け、高円寺の横軸といっていい「北中通り商栄会」に向かいましょう。北中通りを駅方向に戻っていくと、途中から「中通り商栄会」です。高円寺の縦軸の商店街は「純情商店街」のように、健全な庶民生活の匂いがありますが、横軸はちょっとディープな味わい、翳《かげ》りが加わります。その最たる店が書店の「バロック」。

隈　この、どこにでもありそうな普通の甘味屋さんの二階が？

清野　甘味屋さんとは無関係なんですが、横の階段に「18歳未満お断り」と張り紙が出ているでしょう。この書店は18禁でも、エロ系ではなくて、グロ系。死体愛好、奇形愛好の方向です。

隈　いきなりポツッと、こんなとんでもない「濃い」店があるんですね……。

清野　北中通りと中通りには、昭和三〇年代を彷彿《ほうふつ》とさせる床屋さんや中華ソバ屋さん、お豆腐屋さん、それから人気沖縄料理店の「抱瓶《だちびん》」などがあり、全体にレトロでユルくて、微妙に暗いという、非常に高円寺らしい商店街なのです。ただ、駅の近くに風俗店が進出してきていて、その暗さのバランスは少々あやうい感じにはなっているんです。

隈　先ほどの「都市におけるマッサージ屋論」をさらに拡大していくと、風俗店もごくゆるく福祉系にくくっていいいと思うんですよね。

清野　またそうやって市民の良識を挑発して。

隈　商店街に風俗店がちょこっと入っているって、そんなに目くじらを立てることでしょうか。二〇世紀にはゾーニングという発想が生まれて、本来はもっとぐちゃぐちゃと混在していた都市を、商業地域とか住宅地域とかに分けて、建てていい建築、いけない建築を厳しく規制しました。つまり、混在を目の敵にすることが都市計画の下敷きになり、風俗営業法などの法律もこの混在恐怖症、潔癖症から発生したわけです。僕はこの、いわゆるゾーニングという制度を見直さないと、都市という抱擁的存在は再生できないと思う。

元祖・教養古書店VS.新興・リサイクルショップ

清野　南口でいうと、いちばん大きな商店街が、縦軸のアーケードになっている「パル商店街」。そこから一本入った脇道には、若い人向けの古着屋さんが集まっています。古着屋さんが多いこの通りには「佐世保バーガー」という、ボリュームたっぷりのハンバーガーを出すチェーン店の本店もあります。

隈　それにしても、商店街の多さにはびっくりしますね。

清野　ですよね。その中でも、現在の高円寺を語るにいちばん適した商店街はどこかというと、中央線の線路沿い、阿佐谷方面に向かって横軸として延びている「中通り」と「北中通り」なんです。なぜかというと、ここには高円寺の新旧を語るのに象徴的な店が二軒、あるからです。一つは、駅から横断歩道を渡ってすぐの場所にある古書店「都丸《とまる》書店」。もう一つは、北中通りを進んだところにあるリサイクルショップ「素人の乱5号店」です。まず、都丸書店に入ってみます。

「都丸書店」の吹き抜け回廊

——都丸書店は、社会科学系の古書を扱う本店と、人文科学系を扱う支店の二店舗に分かれている。本店の二階には、緑の床に赤い手すりの吹き抜け回廊がある。

隈　店内に一歩入ると、外の喧騒《けんそう》から一気に遮断されますね。しかも、ここの回廊には不思議な既視感がある。へえ、マックス・ウエーバーや、ギボンの『ローマ帝国衰亡史』。原書がすごく揃っていますね。日本の本だと、山崎正和とか丸山眞男とか。久々に教養学部時代を思い出しちゃった。

清野　中央線沿線は、良質な古書店が集まるところでもあるんです。

隈　東大の教養学部は駒場にありますが、あそこから北西の方面に掘り起こしていったら、僕もここに来ていたかもしれない。

清野　井の頭線の駒場東大前と高円寺方面は、実はけっこう近いですよね。

隈　でも僕は渋谷方面ばかり向いて遊んでいました。

清野　そうやって西麻布的手法の素地が作られたんですね。

さて、高円寺に戻りますと、都丸書店とその斜め向かいにある古本屋の「球陽書房」は、昭和時代の名残《なごり》を留めた「旧」の代表です。現在のご主人、外丸《とまる》和廣さんは二代目で、先代創業者は叔父にあたる外丸茂雄さんでした。茂雄さんは一九九七年に八九歳で亡くなっていますが、もともとは群馬のご出身です。高円寺には明治末期に建てられた蚕糸試験場*4があって、生糸の生産地である群馬、長野方面との結びつきが強い土地だったんですね。

隈　蚕糸試験場ね。製糸業は明治時代以降に日本が発展してきた際の基幹産業ですからね。なるほど、高円寺が発散する前近代の匂いの原点が分かりました。

清野　茂雄さんは日本橋の白木屋というデパートに勤めた後、一九三二（昭和七）年、二五歳の時に独立して開いたのが、都丸書店でした。敗戦直後で、みんなが活字文化に飢えていた時期には、店は早稲田や一橋などの先生や学生のたまり場になりました。二代目の和廣さんは団塊世代です。群馬から東京の大学へ進学した時、叔父の茂雄さんを頼って高円寺に住み、そのまま都丸書店を継ぎました。

隈　就職のために髪を切るよりも、そっちの方が自分に正直な感じだったのかな。

清野　荒井由実の「いちご白書をもう一度」の世界ですね。

ご本人がそうだったかは別にして、外丸和廣さんは、全共闘時代の真ん中でまず教養や思想の器としての本に接しました。が、それ以降、運動が下火になってからは、本の属性が変わります。思想というよりは娯楽、さらに娯楽というよりは消費財、というように変化した中で現在まで商売を続けてこられたわけですが、その変遷とは古書の価値下落といい換えてもいいものでした。特に二一世紀に入り、ネットが浸透してから、昔ながらの古書店を取り巻く状況は激変したといいます。還暦を超えた現在は、「この商売、あと数年かな……」という心境なのだそうです。

隈　僕は逆に、この商売はこれからが面白くなると思いますね。古本はムラにとっていちばん大事な資源の一つだもの。だから、この資源を福祉施設と結びつけると、面白いことが起きるかもしれない。古本屋は実は図書館なんだ、と言っている建築計画の専門家がいるけれど、古本屋自体が実は最高の福祉施設なんだよね。

清野　それは人間の精神を癒《いや》す、ということですか。

隈　そうです。厚生労働省にそういう発想がちょっとでもあったらねえ。

清野　昭和の教養主義の灯が傾く一方で、高円寺では「旧」に替わる「新」の動きも顕在化しているんです。その「新」の象徴が、北中通りにあるリサイクルショップ「素人の乱5号店」です。この店を起こした店主の松本哉《はじめ》*5さんは、新世代の社会運動家として、このところ急激に注目を集めている存在です。

隈　松本哉さんって『貧乏人の逆襲！　タダで生きる方法』（二〇〇八年、筑摩書房）の人だよね。格差社会、ワーキングプア、ニートに関する論客でしょう。

清野　そうです。ただ、論客とはいっても、そのあり方はかなりユニークなんです。まず彼はペンが本業というわけではない。普段は、高円寺で深夜までショップの店番をしている店主なんですよね。

隈　実践家であるところがすごい。

清野　そのショップ、「素人の乱5号店」に松本さんをたずねて、話を聞いてきました。

「何でも人工的に整えて金に換えていこう」にＮＯを言う

——「北中通り商栄会」にある「素人の乱5号店」。店先には扇風機、電気ヒーター、椅子、テーブルの類《たぐい》から、中尾ミエの古いレコードまで、ありとあらゆるものが置いてある。以下、店主の松本哉さんと清野の会話。

清野　こんにちは。このお店の棚は「資生堂化粧品」という昔のロゴがそのまま残っているんですね。

松本　大家さんも、まだ二階に住んでいますよ。

清野　リサイクルショップを始めるきっかけは何だったのですか。

「素人の乱５号店」

松本　僕は一九九四年に法政大学に入学したのですが、その学生時代に、キャンパスの中で学生運動をしていたんです。キャンパスの再開発をきっかけに学費を上げる動きが出てきた時に、「法政の貧乏くささを守る会」を立ち上げて、値上げや校舎新築への反対、授業に出てこない学生の居場所の確保などを大学側に求めました。

清野　六〇年代、七〇年代の学生運動とは、テーゼがずいぶん違いますね。

松本　事務室の前で焼肉をしたり、くさやを焼いたりして闘いました。

清野　それがどう、リサイクルショップにつながるのですか。

松本　いちばん大事なのは「自治」だと昔も今も思っています。学生運動を始めたのは、僕自身が社会に対して持っている違和感がきっかけで、キャンパス再開発のように、とにかく何でも人工的に整えて金に換えていこう、という動きがいやでした。キャンパスの中だけでなく、世の中全体がそうなっていて、町もどんどんつまらなくなっている。とはいえ、僕自身は割と社会に適応するタイプで、卒業する時、就職活動して会社に就職したら、そのまま普通の会社の人間みたいになっちゃうだろうな、と思ったんです。そうならないためには自分で何かをしなければいけない。いろいろなバイトを一巡した中で、リサイクルショップがいちばん性に合っていた。今の世の中、ひたすら大量生産、大量消費で、それでいて暮らしにゆとりがないでしょう。

清野　身一つで始められたわけですが、店を開くのって費用的に大変だったのでは？

松本　ここの大家さんが高齢になって店を畳む時、商店街が淋しくなるのはよくない、ということで、誰かがここで商売してくれるなら、家賃は八万円、敷金は一カ月、礼金ナシでいいよ、と言ってくれたんです。初期費用は一六万円でした。普通はどんなに小さな店でも一五〇万円は必要だ、といわれています。でも、そんなだったら若者は店を開けませんし、商店街だって衰退するだけです。

清野　そのような経緯からしても、また運動家としても、松本さんの店は儲けだけが目的ではないですよね。

松本　直接、商売にならなくても、近所のおばあちゃんのために重い荷物を運んであげたり、家を片づける時に手を貸してあげたり、そういうことをやりたいな、と。近所の人同士が仲良くやっていれば、生活って成り立つんですよ。僕にとっては結果的にそれで仕入れに困ることがなくなりましたし。

清野　お見かけしたところ、向かいの店も「素人の乱」のようで。お店は何軒かあるのですか。

松本　今は高円寺で「素人の乱5号店」「14号店家具一番」の二店舗と、隣の阿佐谷に「浦野商店」というリサイクルショップの計三店を直接的に経営しています。それ以外に、仲間たちが開いた「素人の乱」のグループ店舗も徐々に増えてきました。5号店のはす向かいにある飲み屋兼食堂の「9号店セピア」とか、同じ北中通りにある古着屋の「はやとちり」「10号店シランプリ」とか。

清野　5号店の、深夜まで、という営業時間は何か意味があるんですか。

松本　当初は午後一〇時で店を閉めていたんですが、それだと、仕事して、飲んで、終電で町に帰ってくる人が買えないんですよね。かといって、彼らは休みの日にわざわざ家電を買いに行く人たちでもない。僕の方はヒマつぶしかたがた、店を深夜一時まで開けていたら、やかんとか冷蔵庫とか、生活用品がよく売れることが分かりまして。そのうち、昼は近所のおばちゃん、夜は仕事している若者、と、そんな人たちが集まってくるコミュニティのようになりました。高円寺界隈で僕らはよく「カネがねーぞー」といったテーマでデモをするのですが、そうすると自民党支持のおばちゃんがお茶を持ってきてくれたり、おまわりさんが個人的にはうれしそうに接してきたりします。

清野　何だかいい話ですね。

ムラが与えてくれる温かな抱擁

隈　初期費用一六万円で店が開ける、ということは大事な話ですよね。都心のビッグプロジェクトだと、何千万円もないと店が開けないというのがなぜか常識になっていて、そうなると、参入できるのは背後に大きな本体なりネットワークなりがあるところだけになる。
清野　それで、どこでも見かけは少しずつ違うけど、結局、同じ印象、質感の店ばかりになっちゃっていますよね。
隈　巨大な再開発エリアほど退屈になるという〝例の〟構図。松本さんはそのアンチテーゼを実践し、思想にまで深めているといえる。
清野　「素人の乱」のコミュニティ感は独特のものがあります。松本さんに話を聞いていた時、「9号店セピア」で水曜日の昼だけ「VEGEしょくどう」という完全菜食の食堂をやっているyoyo（ヨーヨー）さんという女性が夕食の差し入れに来られました（二〇一〇年に高円寺での営業を休止）。5号店にはアルバイトの男の子もいたんですが、松本さんと彼の二人分をちゃんと差し入れてくれるんですよ。それどころか、私もお相伴にあずかっちゃって。
隈　松本さんのところでは、アルバイトも雇えているの？
清野　九人もいるんですよ。ちなみにその時、店にいたアルバイトの男の子は、ロックミュージシャン志望とのことでした。

隈　そのyoyoさんという女性も高円寺の住人なの?
清野　いえ、日野から中央線で通っているそうです。
隈　日野?　それはまた遠くから。
清野　「VEGEしょくどう」では、三浦半島で無化学肥料栽培をしている野菜を食材のメインに使っているんです。他に鎌倉にある生産者たちの直売所[*6]でも野菜を仕入れていて、食堂を開く前の日に鎌倉まで野菜の買い出しに行き、日野に戻って仕込みをして、当日、それをカートに入れて高円寺まで通う。車を使わずに、全部電車の移動で、そうやって出すランチセットが六五〇円です。
隈　経済合理性に則《のっと》った行動ではないですね。ということは、これも一つの運動だよね。
清野　「VEGEしょくどう」のチラシには、「非暴力直接行動」というスローガンがさりげなく書かれています。カウンターの上には、「革命パン」という名前のオリジナルの菓子パンも置いてありました。
　それから、「素人の乱」グループは、北中通りの商店街の古いビルの二階に一部屋、アジトのようなスペースを借りていて、そこに電気コンロやこたつなどを持ち込んで、簡単な煮炊きもできるようにしていました。

隈　まるで学生寮の部室みたいだな。

清野　そこは「催し会館　エンジョイ北中ホール（仮）」、通称「12号店」というネーミングなんですが、隈さんがおっしゃる通り、昔の東大駒場キャンパスの駒場寮みたいな、すごい雰囲気の部屋でした。その日は、名古屋大学の大学院で社会学を研究している、という学生さんもいました。彼は「ＤＩＹ（ドゥ・イット・ユアセルフ）カルチャー」*7を研究テーマにしていて、東京に来る時は12号店を拠点にしているそうです。コンクリートむき出しの床に古いカーペットを敷いて、その上に古いこたつがあるのですが、一緒にこたつに入って温かいものを食べていると、会ったばかりなのに、もう家族だわ、という気分になっちゃって。このまま、ここで暮らしてもいいかな、と思ったくらい。

隈　その抱擁感こそがムラのマジックですよ。

清野　日本の農村的な共同体の原型を感じました。

隈　かといって、高円寺のこの暗さは農村の共同体とも違う感触があります。その感触こそが中央線カルチャーの源泉なんだろうけど。

高円寺の対抗軸は西麻布ではなく、陸軍だ

清野　隈さんが考える中央線カルチャーって、何でしょうか。

隈　そもそもサブカルチャー、カウンターカルチャーって、対抗すべきメインカルチャーが一方になければ成り立たないものじゃないですか？　高円寺の場合、それが何なのだろうか、とまず考えるのですが。

清野　隈さんが最初に言われた「西麻布的なもの」が、メインではないでしょうか。

隈　いえ、歩いてみて、それは違うと思った。

清野　ロケハンをした時にちょっと気づいたのですが、高円寺と一駅隣の「中野」は似ているようで似ていないなあ、と。中野はマニアの聖地「中野ブロードウェイ」を中心に、路地文化がものすごく発達していて、サブカルチャー感も強いのですが、高円寺のような暗さがないんです。

　中野区というのは、東京二三区の中でも微妙な位置づけにある区です。港区、中央区のように華やかな脚光を浴びることはまずなく、世田谷区、目黒区のようにこじゃれた住宅

街のイメージもない。でも、駅前には「中野サンモール」「中野ブロードウェイ」という都内でも屈指のアーケードがあり、「中野サンプラザ」[*8]というランドマークもそびえ立っている。商業施設だけでなく、区役所、警察、病院、住宅と、すべての要素が駅付近にあり、普通に住む分には理想的な環境が用意されているところです。

隈　駅周辺に区役所、警察、病院、ランドマーク、商店街など、インフラが集約できているところは、二三区の中でも実はなかなかない。

清野　なぜそれが可能だったかというと、中野では駅前に、公共に使える広い地面が、がーっとあったからです。明治以降、中野駅の北口側は陸軍の用地となり、さまざまな施設が設置されています。あの陸軍中野学校[*9]もその一つでした。その土地が戦後に駐留米軍に接収された後で返還され、一部が払い下げになったわけです。

隈　ああ、それではっきり分かった。中央線カルチャーって、出発点は陸軍文化なんですよね。高円寺の対抗軸は、西麻布ではなく、隣の中野を支配していた軍隊の文化だったんです。規律はいつだって、そこからはみ出すものとパラレルに存在する。規律なくして反抗なし。軍隊が体現していた規律への反駁《はんばく》として、高円寺の、あのユルい寛容が生まれたわけだ。

清野　今、隈さんならではのロジックの飛躍をうかがいましたが、素直にうなずいていいのか……。ただ、都市計画という概念自体が、規律の産物だということは分かります。

隈　中野のランドマークになっている「中野サンプラザ」は、一九七三年にメガストラクチャーの代名詞として建設された建物です。象徴的だと思うなあ。

清野　メガストラクチャーとは何ですか？

隈　たとえば中野サンプラザは、建物の両側に二本のシャフトがあって、そのシャフトが構造的にも動線的にも建物すべてを支えています。つまり、メインのロジスティクス——軍隊でいえば補給路にすべてが従属している。そのような序列のはっきりした建築を、僕らはメガストラクチャーと呼んでいますが、これって軍隊のロジスティックスと同じなんですよね。いわば軍隊を建築化したものがメガストラクチャーです。一九六〇年代に丹下健三が中心になって盛んに提案されたものですが、実際に最も上手にそれをデザイン化して実現したのが、日建設計に代表される大手の設計事務所です。

清野　中野サンプラザもそうなんですか。

隈　日建設計の設計です。一つの建物の中にホール、レストラン、オフィス、ホテルなど都市機能をすべて内包しちゃった建築として、メガストラクチャーの代表ともいえるし、褒めすぎかもしれないけれど、日本の戦後建築の一つのメルクマールともいえる。

政治でも経済でも、日本の戦後というのは、戦前の国家総動員体制の延長にあったというのが、最近の研究者の通説です。要点は戦前と戦後は連続している、ということなのですが、建築でもまさに戦前的、軍隊的なメガストラクチャーが、戦後に見事に花開いたわけなんだよね。それを代表する建築家が丹下健三であり、丹下流のメガストラクチャーの大衆的応用の傑作である建物が、陸軍と並々ならぬ縁があった中野の地のサンプラザだ、というできすぎの一致は、我ながら面白い発見ですね。

清野　丹下健三も軍隊的な建築家なんですか。

隈　まったくその通り。それもきわめて泥臭い陸軍的な存在の代表です。何しろ彼は、大東亜共栄圏を記念する造営計画のコンペで壮大な提案をして一等になって、一躍有名になったんですから（笑）。でも丹下さんは、その「負」の部分もちゃんと背負い、世間からの批判も真っ向から浴びた。対照的に海軍系の建築家は、一見リベラルで、都会的でしゃれているように見えたけど、その分、無責任きわまりなかった、ともいえる。日本設計の池田武邦[*10]は海軍出身で、東京の超高層化の皮切りになる西新宿の新宿三井ビルを設計しましたが、後々、窓を嵌め殺しにした超高層ビルは人間に合っていなかった、なんて自己批評を口にするようになった。

清野　池田さんはハウステンボス（長崎県佐世保市）の設計でも有名ですよね。ずいぶん前にお話をうかがったことがありますが、土着的な日本人とは違った、うっとりするような紳士であられましたよ。

隈　サンプラザの設計をした日建設計のボス、林昌二の先生も、同じく海軍出身の建築家、清家清[*11]でしたし、ソニービルの設計者の芦原義信[*12]も海軍系。みんなリベラルで明るい人たちだけど、反省がない人たちっていわれると、うなずけるところも多いです。

清野　反省のない明るさというのは、海軍ゆかりの地、横須賀市出身の小泉純一郎とも通じますね。

隈　この前、僕は海軍ご当地の佐世保で佐世保バーガーを食べたり、元は防空壕《ごう》だったという飲み屋に行ったりしたんだけど、けっこう暗かったよ。

清野　楽しくなかったんですか。

隈　いえ、その逆で、暗くてよかったですよ。中央線沿線もモロそうだけど、軍隊に関係したところって、やっぱり、そういう暗い空気が魅力なんだよね。

清野　そういう、とは？

隈　今日だけは規律から逃れて、ハメをはずすぞ、という。

清野　遊びにレバレッジが効いてしまうんですね。

隈　戦後の中流住宅街としての高円寺の出発点だって、製糸業と関わりがあるでしょう。この産業の歴史も軍隊と似たところがあって、『女工哀史』が物語るように、徹底した抑圧の世界ですからね。そのあたりに中央線の前近代の匂いの大本があるような気がするな。

清野　高度成長期に子供時代を過ごし、二〇代がバブル期だった私は、正直に言うと、高円寺よりも、中野よりも、下北沢にいる時の方がほっとしました。

隈　下北沢の章で、僕はムラが生き延びる手段として「醱酵」か「青春」か、と書きましたが、高円寺は「醱酵」がさらに一段階進んだケースだよね。

清野　その醱酵に浸かることが、何だか妙に心地いい。まったりと安寧な気分になります。

でも同時に、息苦しさ、閉塞《へいそく》感も感じるのです。下流の拠点として存在しているのは面白いし、「素人の乱」のような、二〇世紀を脱構築する理論も高円寺で育っている。けれど、その先の都市像、つまり「ムラ」の可能性をここは本当に秘めているのかな、と。

危機に追い込まれないと、デモクラシーは発動されない

隈　高円寺が持っているような暗いエネルギーは、クリエイションの源だとは言えるよ。高円寺ではその暗さから、フォークとかブルースとかの音楽も生まれ、愛されているんでしょう。古本に囲まれて酒を飲むなんて、ものすごく醱酵しているじゃないですか。ただ、高円寺と下北沢、どっちに未来があるかなあ？

清野　それは自由度ということですか。自由感、開放感ということでいえば、私は下北沢の方がそういう感じを受けました。

隈　確かに下北沢の方が自由感はあるけれど、だからといって即、肯定にはつながらない。だって下北沢の自由って、結局のところ、「消費の自由」にすぎないもの。それをみんなデモクラシーと錯覚しちゃっているんですよ。

清野　……言われてみれば確かにそうです。

隈　オバマが大統領になったアメリカが最も分かりやすい例で、デモクラシーの精神というのは、かなり危機的な状況にまで追い込まれないと発揮されないものなんです。下北沢は、都市計画道路の補助54号線という、非常に分かりやすい「暴力」が顕在化したから、市民運動というデモクラシーが発動して輝き始めた。でも、まあ下北沢はどこにでもある町ですよ。いってみれば昭和時代を懐かしがるテーマパーク。

清野　デモクラシーを感じるためには、デモクラシーを失う状況が必要だ、ということなんですか？　では高円寺はどうなのでしょうか。

隈　高円寺のこの暗さはテーマパークにはまったく収まらないですね。テーマパークにしようがないという意味で、二〇世紀を超えちゃっている。だから、その暗さのエネルギーに可能性は感じます。ただ、中央線には、成り立ちがそもそも男権的だという限界があらかじめあります。

清野　男権的というのは、先ほど話が出た陸軍文化の文脈で、ということですね。隈さんは男権的であることを、都市にしろ、ムラにしろ、「限界」とするのですか。

隈　占領軍総司令官マッカーサーが日本に来た時、日本のどこを褒めたか知っていますか。

清野　いえ。

隈　日本の日本たるすばらしさは、女性の中にあるというようなことを、マッカーサーは言ったんです。要するに、男権的ないばりくさった男性が日本をダメにしたというのが、マッカーサーの基本的認識で、そうやって当時の日本軍人の男たちをコケにした。では、彼が言ったその「女性」が何を指すかといえば、寛容さと慎み深さという、日本女性に顕著な二つの特質だったんです。

清野　それらは決して、日本女性にあらかじめ備わっていたのではありません。日本社会独特のプレッシャーの中で、女性たちが生き残るために、男性には知られないところでひそかに磨き上げてきたものです。

隈　僕たちは「ムラ」というキーワードで、現在の都市の、さらに先にある都市を論じているわけですが、男権的な都市が「ムラ」に進化するためには、まさしく女性的な逃げ方が必要だろう、と僕は今、強く思っている。

清野　二〇世紀の大量生産・大量消費や、二一世紀の新自由主義という経済を至上とする仕組みは、まさしく男権的な発想に則っています。その発露として、東京では都心部に、大方は意味不明な超高層ビルが、にょきにょきと建つことになりました。

一方、このユルい高円寺は、中央線的な男権システムの暴力から逃れている気はする。だからといって、その先の都市像を提示しているわけでもない、と隈さんはおっしゃいます。隈さんの今のお話からいうと、その先の都市像とは、寛容と慎み深さに支えられたムラ、ということになりますが、そんな逃げ方ができている場所なんてあるのでしょうか。

隈 探していくしかないでしょう。

注1　ねじめ正一　一九四八年東京都生まれ。『高円寺純情商店街』は八九年の第一〇一回直木賞を受賞。本文中の引用は「朝日新聞 be」の「順風逆風」二〇〇九年七月四日より。
注2　地方での建築　隈が一九九〇年代に手がけた主要な建築には、亀老山展望台（愛媛県今治市）、水／ガラス（静岡県熱海市）、森舞台／宮城県登米町伝統芸能伝承館（宮城県登米市）、川／フィルター（福島県玉川村）などがある。
注3　ロラン・バルト　一九一五年フランス生まれ。思想家。六六年より数度にわたり来日。七〇年に

著した『表徴の帝国』は、その折に触れた日本文化にヒントを得たという。邦訳には、宗左近訳（新潮社、七四年／ちくま学芸文庫、九六年）、石川美子訳（『記号の国』みすず書房、二〇〇四年）がある。八〇年没。

注4　蚕糸試験場　一九一一（明治四四）年、農商務省原蚕種製造所（後の農林水産省・蚕糸試験場）が設けられ、翌年に現在の杉並区和田に庁舎が完成した。蚕糸試験場は八〇年につくば市に移転、跡地は「杉並区立蚕糸の森公園」として市民に開放されている。

注5　松本哉　一九七四年東京都生まれ。法政大学在学中の九七年に「法政の貧乏くささを守る会」を結成。二〇〇三年、六本木ヒルズに鍋などを持ち込んで「クリスマス粉砕集会」開催を目論んだが、警官隊に阻止される。その他、都内各所での「駅前ゲリラ鍋集会」、「高円寺ニート組合」結成など、独自の活動を繰り広げる。〇五年、高円寺でリサイクルショップ「素人の乱」をオープン。以後、「素人の乱」は古着店や家具店、インターネットラジオ局などが集まるグループ体となる。一一年には反原発デモも主催。

注6　鎌倉にある生産者たちの直売所　JR鎌倉駅から徒歩三分にある鎌倉市農協連即売所のこと。日常的な野菜から珍しい地場野菜、おしゃれな野菜まで、生産者が対面で直接販売する方式が人気を呼び、地元以外からも買い出しに来るファンが多く、ナチュラル派にとっての名所になっている。

注7　DIYカルチャー　DIY（ドゥ・イット・ユアセルフ）＝「自分たちで行う」の精神で、社会や環境など、他に負荷の少ない自立的なライフスタイルを探る、新しい生き方の価値観のこと。一九七〇年代には日曜大工的な意味で使われたが、二一世紀のDIYカルチャーは、二〇世紀資本主義への対

抗軸というとらえ方。

注8　中野サンプラザ　地上二一階、地下二階、敷地面積約九五〇〇平方メートル。一九七三年開設。当初は旧労働省の特殊法人が運営する、勤労青少年の研修などを目的とした施設であったが、八〇年代にかけてはコンサート会場として全国的に名前を知られた。しかしそれ以降は赤字経営が続き、二〇〇四年、中野区や民間企業などが参加した第三セクター「まちづくり中野21」に売却された。現在、同社がランドマークとしてのより有効な活用のために再整備計画を進めている。

注9　陸軍中野学校　一九三八（昭和一三）年、陸軍が諜報《ちょうほう》、謀略の専門家の養成所を東京の九段に設立。翌年、中野の陸軍の施設内に移転し、名称も「陸軍中野学校」となる。戦後は、その敷地の多くが警察大学校、警視庁警察学校の施設用地などに転用されたが、両者が府中市に移転。跡地には、大学、中学校、公園、住宅、商業施設、オフィスビルなどの建設が計画されている。合わせて、中野サンプラザを含む、駅周辺の広範囲にわたる再整備も計画中。

注10　池田武邦　一九二四（大正一三）年静岡県生まれ。海軍兵学校卒業後、軽巡洋艦「矢矧《やはぎ》」の航海士となる。四五（昭和二〇）年、「矢矧」が米軍の攻撃に遭い沈没したが、奇跡的に一命をとりとめる。戦後、四九年に東京大学工学部卒業。日本設計事務所（現・日本設計）の設立メンバーとなり、代表取締役に就任、後に名誉会長となる。京王プラザ（東京都新宿区）、新宿三井ビル（東京都新宿区）、アクロス福岡（福岡県福岡市）など、各時代を代表するプロジェクトに携わる。

注11　清家清　一九一八（大正七）年京都府生まれ。四一（昭和一六）年に東京美術学校、四三年に東京工業大学を卒業。太平洋戦争時には海軍兵学校教官などを務めた。六二年、東工大教授となる。清家

研究室からは、戦後モダニズムを代表する建築家である林昌二、林雅子、篠原一男らが育った。代表作に、私の家（東京都大田区）、続・私の家（東京都大田区）、東工大5号館（東京都目黒区）、八景島シーパラダイス（神奈川県横浜市）など。二〇〇五年没。

注12　芦原義信　一九一八（大正七）年東京都生まれ。東京帝国大学工学部卒業後、海軍に入営する。戦後は坂倉準三建築研究所を経て、五六年に芦原義信建築設計研究所（後に芦原建築設計研究所に改称）を設立。代表作に、ソニービル（東京都中央区）、東京芸術劇場（東京都豊島区）など。二〇〇三年没。

第3回「秋葉原」

Introduction by 隈研吾

人々が、ただすれ違うだけで救出される奇跡の場所

「ムラ」というと、しっとりとした、落ち着きのある、ノスタルジックな風景を想像する人が多い。風景論的にムラを語るとすれば、確かにそうなるかもしれない。建築や都市計画に携わる人のほとんどが、そのように風景論的に世界を論じる。そして、「ムラが失われた」という嘆きが決め言葉である。

しかし本書の「ムラ論」は、風景論ではない。風景論的にムラを定義しようとするならば、ディズニーランドのヴィクトリアンスタイルの町並みも、郊外の緑の芝生の上に美しく並ぶ白い家々も、二〇世紀アメリカ人が発明した立派なムラである。それらは風景的にはムラであるが、そこには僕たちが論じてきた「ムラ」はない。その違いをはっきりさせるために、秋葉原というあぶない「ムラ」を取り上げなければいけないと考えた。風景論的には徹底して俗悪で破綻している秋葉原が、そのシャビーな見かけに反して、立派な

「ムラ」であることを、語り合いたい。

ムラとはまず、人を救う装置である。ムラには地縁と血縁があって、そのしがらみが、人を救ってきたといわれてきた。今日の言葉に置き換えていえば、地縁、血縁とはネットワークである。

一九七一年生まれの批評家、東浩紀は、『クォンタム・ファミリーズ』（新潮社、二〇〇九年）の中で「未来の地下室人は、宗教的にではなく工学的に救われるべきだ」と書いている。社会のさまざまな競争から脱落した者たち（地下室人）は、新しく工学的に構築されたネットワークによって、地縁、血縁に依存しなくても、横に連帯することが可能となった。また工学的に、すなわち擬似的（ヴァーチャル）な身体的接触によって、血縁者（家族）を持たなくても、人（のようなもの）を愛すること、人（のようなもの）から愛されることが可能となった。たとえばアダルトゲーム（エロゲー）。そのように「地下室人」を工学的に救出することが、今や可能となったという説である。工学的に救出するとは、メディアによって救出する、といい換えてもいい。

しかし、秋葉原の本質は工学にはない。そこを多くの人々は誤解している。工学はそれこそ世界中どこにでもある。秋葉原だけに工学があるわけでもないし、工学があるところにムラがあるわけでもない。

事実、人間は工学だけ、メディアだけではやがて満足できなくなる。工学と自分の身体とを媒介する具体的な「場所」がほしくなってくる。人間の身体は、好むと好まざるとにかかわらず、初めからどこかの場所に「いる」。その場所そのものが、メディアと身体を媒介する。居場所がない、と嘆く人は、メディアにだけ気を取られていて、自分が今いて、その自分をつなぎとめている大事な場所に気づいていないだけなのである。

たとえば、自分の慣れ親しんだ、あのまったりとぬくぬくとした部屋、あるいは汗と体臭の染みついたベッドは、そんな「場所」の一つである。そして、その懐かしい部屋を少しだけ拡張すると、秋葉原というムラになる。

秋葉原は「ムラ」であり、拡張された「部屋」でもある。その中では、直接に他人と語り合う必要はない。秋葉原名物「すれちがいの館」ではないが、すれ違う程度で充分なのだ。それでも、すれ違う場所があることの意味はきわめて大きい。すれ違って、他人と自分とが〝違うこと〟を、あるいは〝同じであること〟を確認するだけでもいい。または、実際にはそんなことは一生起こらないかもしれないが、そこでウィンクをされたり、声をかけられたりする——という可能性があるだけで充分だ。ムラとは、すれ違うことだけで人々が救出される、奇跡の場所なのである。

「ムラ」とは演劇的空間の別名である

そもそもムラとは、演劇的空間のことであった。ムラを、人々が演技することなくハダカでつきあう場所だと思っている人は、ムラの本質が分かっていない。ムラでは、演技によって人々はコミュニケーションを行い、お互いを救出し合うのである。それは「物質的救出」でも「工学的救出」でもなく、「演劇的救出」である。

人々が集合して、そこに演劇的コミュニケーションが発生し始めると、そこがムラへと化学変化を始め、人は救出される。その点で秋葉原は、東京全体を見渡した中でも、優れて見事な演劇的空間である。だから秋葉原無差別殺傷事件（二〇〇八年）で、K君が秋葉原をその事件の「舞台」に選んだのは、偶然ではない。彼は社会や生い立ちを恨むより何より、切実に観客を欲した。そして秋葉原を選んだのである。

しかし、ムラには一つの危険が潜んでいた。演技をしているうちに役者が固定され、演技から自由が失われるのである。その時、ムラは「ハコ」と化する。近代とは、ハコになってしまった村を嫌って、村を解体した時代であった。その解体によって、演劇自体が否定されてしまった。すれ違いという最も優雅な演劇すら否定されてしまったのである。すれ違う時に、無から演劇は発生する。その、演劇の発生する瞬間がいちばん美しい。実は秋葉原にはそんな美しい瞬間があふれている。

Dialogue by 隈研吾×清野由美

☆町の概要　秋葉原（東京都千代田区、台東区）のエリア面積は、およそ八〇〇メートル四方。JR、つくばエクスプレス、東京メトロを合わせて、「秋葉原」駅の一日乗降客数は五〇万人を超え、「ムラ」どころか大都会。それも今や東京ローカルの話ではなく、世界の観光客が日本で真っ先に目指す、二一世紀ニッポンを代表する観光エリアになっている。

アキバムラのヘンタイ性こそが日本の未来を拓《ひら》く

清野　下北沢、高円寺ときたら、次は谷根千《やねせん》（谷中、根津、千駄木）か浅草かと思いきや、私たちは秋葉原を歩くことになりました。「ムラ論」を論じるにあたって、隈さんはなぜ秋葉原に興味を持たれたのでしょう。

隈　新自由主義経済のアンチテーゼとしてムラが語られる時って、どうしてもキレイごとばかりになりがちでしょう。

清野　大地の恵みとか、自然との共生とか、サスティナビリティ（持続可能性）とか、ロハスとか。

隈　でも人間の欲望は、食欲にしても、性欲にしても、そういうキレイで前向きなことにあこがれる一方で、キレイではないこと、後ろ暗いことに、どうしようもなく向かうものでもあります。持続可能性とよく言いますが、その原理の半分は、人間のヘンタイ性の持続可能性のことだ、といってもいいくらいで、その、もう一つのダークな面を語らずして、「ムラ論」なんかは成立しないと思うからです。コミュニケーション論も、コミュニティ論も、実際には人間のヘンタイ性と深く関わっているわけで、二〇世紀のコミュニケーション、コミュニティに関する議論は、今から見ると全部キレイごとです。

清野　隈さんは秋葉原の、特にどこに惹かれるのですか。

隈　あんなに広く、繁栄して、テクノロジーの臭いがプンプンなのに、地下生活者の臭いも充満しているところです。ほら、高円寺の商店街に、ダークな書店があったでしょう。

清野　グロ系のアングラ書店ですね。

隈　マチでもムラでも、ああいうヘンタイ性を発散させる場がなければ、人間は生きていけないものだと思うんですね。昔の「村」は、食欲とか性欲とかを垂れ流しにできる「土」があったから、人々が暮らしていけたんです。でも、戦後の日本は、東京をはじめとして、すべてをコンクリートで覆ってしまったから、欲望は地下にもぐらざるをえなくなった。秋葉原は土ではなく、コンクリートの上にヘンタイ性にまみれた欲望が成立している点で、東京でも希有《けう》なエリアですよね。だから外人観光客がこんなに……。

清野　世界の都市やムラをご覧になっている隈さんにとっても、珍しい場所ですか。

隈　世界的に見ても希有です。ヘンタイ性が実に洗練された形で、都市の中に組み込まれているともいえるし、日本には、そういう形でヘンタイ性と都市とを調停する文化的伝統があったともいえる。

清野　ということで、ＪＲ秋葉原駅から、「ヨドバシカメラ　マルチメディア Akiba」の前にやってきたのですが、私たちは途方に暮れています。

隈　あの、ビルの前に男性ばっかりが集まっている一角は何なのでしょう？

清野　ああ、あれがアキバ名物「すれちがいの館」ですね。ドラゴンクエストのマニアたちが、すれ違いながらゲームのアイテムを交換しているんです。

隈　言っている意味が僕にはよく分からないのですが。

清野　私だってよく分かっていないのですが、町でゲーマーたちが「すれちがい通信」というものをすることで、いろんな情報を交換したり、謎解きのアイテムがゲットできる、という仕組みで、その機会が格段に増える場所が文字通り「すれちがいの館」なのだそうです。

隈　それにしても男性ばかり、みんなうつむいて手許《てもと》のゲーム機器に熱中して。目の前にいる人と直接、話をしないで、ゲーム機を通してコミュニケートしている光景って、よそでは見たことがないです。さすが秋葉原。

清野　ヨドバシカメラが入っているビルは、二一世紀以降の秋葉原再開発でできた新しい一角です。従来のイメージでいう秋葉原の町は、ここからJRの高架をくぐった西側の中央通り沿いに広がっています。昭和通りから中央通り方面に移動しながら、秋葉原の成り立ちをおさらいしてみます。

ラジオ、家電、パソコン、萌《も》え

清野　秋葉原界隈は、昭和初期に東京市の青果市場「神田分場」が設けられ、東京大空襲で焦土と化し、その後、戦後の闇市から発展してきました。現在は世界に冠たる「オタクの聖地」として有名ですが、町の歴史を辿ると年代ごとにブームの中心が変わっていることが分かります。

まず一九三〇年代から四〇年代はラジオの町。NHKの前身だった東京放送局が、現在の港区にある愛宕山《あたご》でラジオ放送を始めたことで、ラジオ時代が到来しました。大正末期から昭和初期に生まれた、われわれの親の世代には、ラジオの町というイメージはいまだ記憶に残っていることでしょう。

五〇年代から六〇年代は家電。七〇年代から八〇年代はオーディオ、マイコン。九〇年代はパソコン。一世を風靡《ふうび》したマイクロソフト「ウインドウズ95」「ウインドウズ98」発売時に、それを求めて行列する人々の写真は、多くが秋葉原で撮影され、マスコミで発信されました。家電、オーディオ、マイコン、パソコンのあたりは、隈さんや私にとって、リアルタイムに記憶されている秋葉原のイメージだと思います。

家電、パソコンの町だった秋葉原が「萌え」に向かって大きく変貌《へんぼう》するのは、九〇年代の半ばから。七〇年代にテレビ放映や映画公開された、ジャパニーズアニメの嚆矢《こうし》『宇宙戦艦ヤマト』[*1]『銀河鉄道999』[*2]『機動戦士ガンダム』[*3]によって多くのアニメファンが誕生したことを土壌にして、九〇年代に『新世紀エヴァンゲリオン』[*4]でブームが深化しました。そこからアニメファン、マニア、オタクが秋葉原の主役として台頭し、「萌え」という日本特有のキーワードを生み出しながら、市場を拡大させていったのです。「週刊ダイヤモンド」の秋葉原特集号（二〇一〇年九月二五日号）は、秋葉原の変化を「アキバ変態（メタモルフォーゼ）」と表しました。

隈　ヘンタイと変態をかけていて、言い得て妙ですね。

清野　このように戦後六〇年の間に、何度も町のテーマが更新され、重層的混沌《こんとん》の様相を呈しているのが、今の秋葉原です。

隈　なるほど。

清野　隈さんは高円寺の章で「いまだかつてオタクだったためしがない」とおっしゃっていましたが、電気部品や家電製品とかで秋葉原とご縁があったことはありますか？

隈　それも、まったくないんですよね。

清野　私も、八〇年代に家電製品の店頭価格を調べに来た以外は、ほぼないんです。

隈　それは趣味で？

清野　仕事です。当時はパソコンも普及してなくて、もちろん「価格.com」などというサイトもなく、炎天下の秋葉原を一軒一軒、店頭で強面《こわもて》のおじさんと交渉しながら、どこまで安くしてくれるのか、と地を這《は》うような覆面取材をしたことが遠い思い出です。機械好きでもなく、家電製品にもコンピュータにもそれほど熱中せず、オタクでも腐女子[*5]でもなかった隈さんと私にとって、秋葉原は本当に「アウェイ」。どこから手をつけていいのか、正直いって分かりません。

隈　僕は昔、まだアメリカ留学中の八〇年代に、ヤマギワに依頼されて電球専門の「バルブショップ・ヤマギワ」をこのすぐ近くに設計したことがあるんですよね。

清野　隈さんの公式のデビュー作は、静岡県にある「伊豆の風呂小屋」だとうかがっていましたが。

隈　実はあの少し前に、電球ばかり売っている即物的なインテリアを、秋葉原で作っていたんです。

清野　幻のデビュー作ですか。それはどこに？

隈　今はもう、なくなっているけど、ヤマギワのリビナ本館の脇にあったんですよ。

清野　秋葉原のシンボルの一つだったヤマギワは、家電部門を石丸電気に、音楽ソフト部門をソフマップに売却し、リビナ本館も二〇一〇年に閉館しました。二〇〇九年には、秋葉原を代表する家電量販店のラオックスも、中国の蘇寧電器に買収されています。ラオックスと同じく、秋葉原の家電ブームの主役だった石丸電気も、九十九《つくも》電機も、店舗の名前こそ残っていますが、他社に吸収合併されたり、事業を譲渡したりしています。他にも、有名な店の倒産や営業権の譲渡は数知れず……。

隈　時代って、あっという間に変わっていきますよね。今の秋葉原の主役といったら、やはりメイドさんじゃないですか。ちょっと歩いただけで、至るところに立っていて、メイドカフェのチラシを配っているし。

清野　そうですね。でしたら手始めにメイドカフェに行きましょうか。

隈研吾、メイドカフェへ行く

――「ドン・キホーテ秋葉原店」ビルの五階にある「@ほぉ〜むカフェ」に移動。入り口にメイドさんたちがズラリと並び、「お帰りなさいませ、ご主人さま、お嬢さま」の挨拶とともに、小さなテーブル席に案内される。メイドさんが入れ替わり立ち替わり現れて、料金システムとメニューを説明。二人はメニューから「みっくすじゅーちゅ」を選ぶ。店内を見回す隈の視線が、前髪を顔の中ほどまでベターッとたらした、猫背の男性客に釘《くぎ》づけ。Tシャツとズボンというかまわない服装。足元には紙袋。

隈　すごい。あまりにベタなオタクが、ここには本当にいる……。

清野　このビルは八階に「ＡＫＢ48劇場[*6]」もありますからね。カフェの前にも、前髪をたらした彼のような人たちがうろうろしていましたよ。やせてモテモテになったという岡田斗司夫[*7]さんを代表格に、今では町のオタク君も小ぎれいに変わってきた時代ですが、秋葉原には、これぞ元祖、のような人々もたくさんいるんですね。メイドさんからの給仕を、心からうれしそうに受けていますね。

隈　それと女の子の二人組も客の中にけっこういるんですね。彼女たちの格好も、メイドさんとあまり区別がつかない。

清野　メイドカフェといっても、別にオタクの男性だけを相手にしているわけではなく、コスプレ好きな女子はもちろんのこと、一般人が物見遊山気分で訪れる、一種の観光名所になっているんです。

――「みっくすじゅーちゅ」登場。メイドから〝りす声〟で「私たちが魔法で、もっとおいしくしますので、ご主人さまとお嬢さまも、一緒に魔法をかけてくださいね〜」と、お願いされる。

メイド　ご主人さま、お嬢さまもご一緒に〜、萌え、萌え、

隈・清野　萌え、萌え、
メイド　フリ、フリ、
隈・清野　フリ、フリ、
メイド　（手をハートの形にして）おいしくなあれ♡
隈・清野　おいしくなあれ♡
隈　……なるほど、こうやって遊ぶのか。
清野　難しいことを言ってくるクライアントにも、こうやってハートマークで接することができればいいですね。
隈　それにしても、メイドさんって、しつけが行き届いているんですね。言葉遣いもちゃんとしているし、誰にもわけへだてない態度で愛を注いでくれるし。それにちょっとびっくりしたな。
清野　その教育とマネージメントで人件費率がすごく高くなるのでしょう。店内のインテリアは学校の文化祭のようで、あまりお金がかかっていません。
隈　ぺらぺらの安っぽい場所だからこそ、芝居が成り立つんですよ。これで内装が本物だったら、生々しくてやってられないですよ。

清野　秋葉原には現在、約六〇軒のメイドカフェがあるといわれていますが、メイド服姿の女性が喫茶店で給仕するスタイルがこの町に登場したのは、二〇〇一年ぐらいのことだそうです。男性客を「ご主人さま」、女性客を「お嬢さま」と呼ぶお約束をはじめ、メイドさんお手製のスイーツやオムライスに、チョコレートやケチャップでカワイイ模様や言葉を書くスタイルがやがて定番化し、そこから、図書館をイメージした深窓系、なごみの妹系、客を「おやかたさま」「姫さま」と呼ぶ歴史系、あるいはメイド美容室、メイド足裏マッサージ、果てはメイドカジノと、いろいろな枝葉が発生していきました。中には、耳かき店など、風営法ぎりぎりで営業しているところもありますが、流行《はや》っているメイドカフェのメイドさんは、しつけがよく、賢く、かわいいですよ。

　秋葉原には、メイドのコスチュームで町を案内してくれる「メイドガイド」もいます。

隈　それ、面白そうですね。

清野　でしたら次は、そのメイドガイドと一緒に「今」のアキバを回るツアーに参加しましょう。

S、M、Lのサイズの違いは……

――JR秋葉原駅の電気街口近くにある「秋葉原案内所」のスタンドに移動。白いレースのカチューシャ、フリルのエプロン姿のメイドガイドが案内役を務める二時間ほどのアキバツアー*8がある。

メイドガイド　ご主人さま、お嬢さま、今日はどうぞよろしくお願いいたします。

隈・清野　よろしくお願いいたします。

メイドガイド　最初にアキバ駅前の名物ビル「秋葉原ラジオ会館」にご案内いたします（二〇一一年七月閉館、一四年に再オープンの予定）。ここには、フィギュアで名高い海洋堂の「ホビーロビー東京」をはじめ、各種のトイフィギュア、ドール、キャラクタートイを扱うショップや、レンタルショーケース店舗などが入居しています。

清野　どの店も、独特なミクロコスモスを形成していますね。

隈　「ホビーショップ」というところでは、アニメやゲームのキャラクター商品があふれんばかり。これは何なんですか?

メイドガイド　枕カバーです。

隈　それにしてはいやに大きくない？

メイドガイド　抱き枕用のカバーなのです。

「秋葉原案内所」のメイドガイド

清野　萌え萌えしたアニメキャラがプリントされていて、六〇〇〇円以上。枕本体よりもカバーの方が断然高いんですね。

隈　ドールグッズの店では、製作用の人形型がＳ、Ｍ、Ｌと分かれていますけど、どれも大きさは同じじゃない？

メイドガイド　胸のサイズがＳ、Ｍ、Ｌなのです。

隈　確かにこっちがデカい……。

清野　あちらの別の店も何だか不思議な眺めですね。

メイドガイド　はい。あちらはレンタルショーケースのお店です。

隈　レンタルショーケースって？

メイドガイド　出品者が月額三〇〇〇円ほどで透明のプラスチックのケースを借りて、同輩マニア向けに各種商品を陳列し販売するというものです。

清野　ショーケースの中にあるのは、フィギュア、トレーディングカード、ミニカー、カプセル玩具……。形を変えたフリーマーケットなのでしょうね。うれしそうにケースに〝商品〟を詰めている人がいます。

隈　買いたい人のため、というよりも、このケースを借りたい人のための場だね。

清野　売買の前に、まず自己表現の場になっているんですね。

隈　いじましいまでの表現欲求が詰まったプラスチックケースがずらっと並んでいる光景には、何だか胸を衝《つ》かれます。

——ＪＲガード下は、戦後の秋葉原の原形を残す一角。「秋葉原電波会館」「秋葉原ラジオセンター」「ラジオストアー」など、電気・電子部品や各種パーツ、工具などを扱う小さな店が、薄暗い通路にひしめいている。二階には、火除けの「秋葉神社」の小さな祠《ほこら》が祀《まつ》られている。ガード下を通り抜け、町の中心街、中央通りを西に渡る。

メイドガイド　ご主人さま、お嬢さま、ご覧ください。こちらが秋葉原名物として話題のおでん缶の自動販売機です。最初は、折々のブームで夜通し並ぶ人々を当て込んで、コンピュータ部品販売のチチブデンキさんが、入居しているビルの前に設置されました。缶詰という手ごろさが、オタクのみなさんのニーズにぴったりだったようで、ラーメン缶、カレーうどん缶、スープパスタ缶などいろいろなものが続きました。一缶三〇〇円の自販機一台で年商一億円という自販機伝説*9も、ここから生まれたんですよ。

清野　中身はこんにゃく、ちくわ、つみれ、牛すじなど正統派。これ、おいしさという尺度で測るものではないですけど、食べてみると、温《ぬく》もっておいしいです。わびしいといえば、わびしいですけど。

隈　で、年商一億円か……。はあ……。

メイドガイド　自販機とは別に、秋葉原はラーメン屋さん、カレー屋さん、牛丼屋さんが

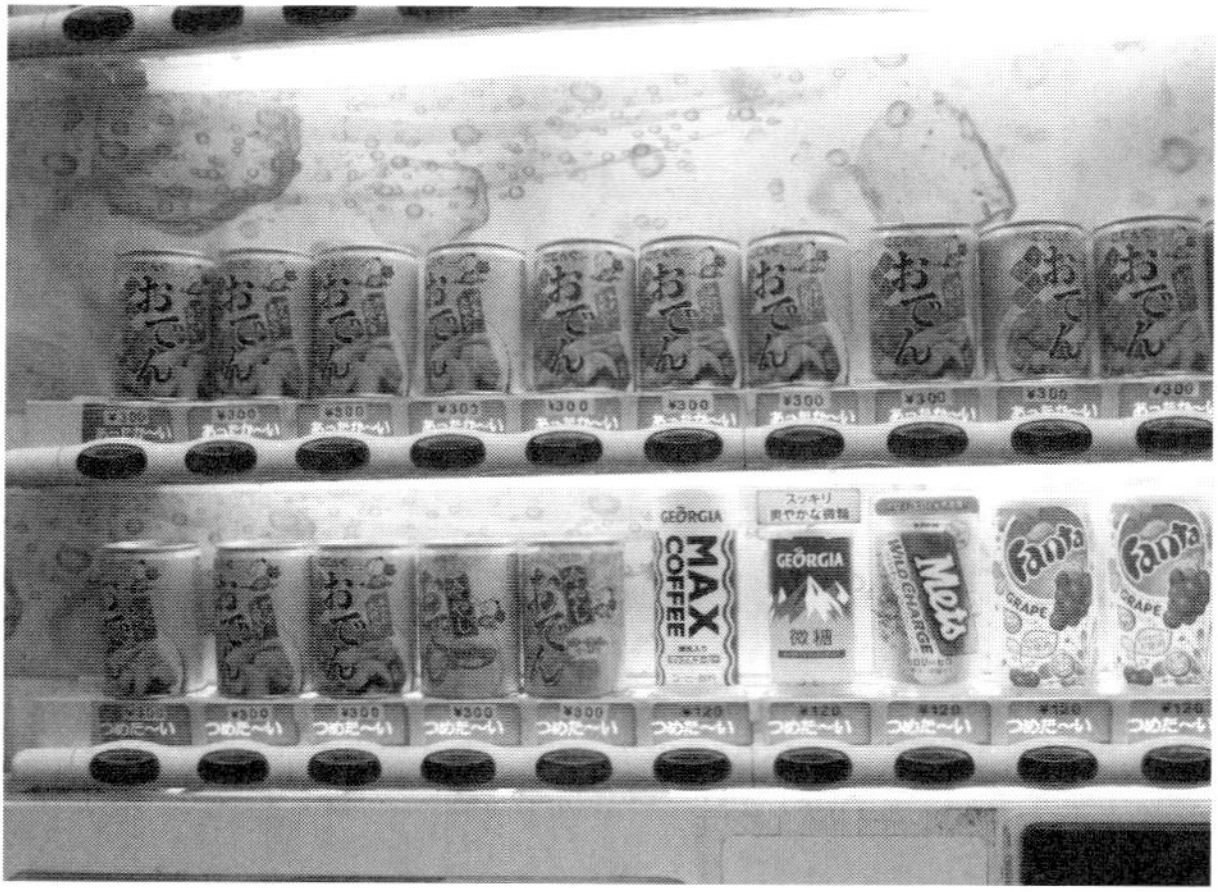

年商１億円？の、おでん缶自動販売機

多いんです。

清野　確かに。ヘルシーで垢抜《あかぬ》けたお店は、皆無な感じですね。

メイドガイド　はい。手軽で脂っこい食べ物が受ける町なんです。

——脂系のファストフード店が並ぶ中、さまざまな雑居ビルに入居している、ちょっと変わった店を転々と歩く。「武器屋」は模造武器を扱う専門店。店内には、東西の刀剣や甲冑《かっちゅう》、ピストルなどがずらり。海軍のセーラー服や、侍の着物など歴史オタク向けのコスプレ用衣装も揃っている。

　武器屋と同じフロアにある「アキバガレージ」には、防犯カメラをはじめとするセキュリティー関連の商品群と、微電流が流れるボールペンや、動物のキャラクターがついているUSBポートなど、ナンセンスな商品が並ぶ。

清野　防犯用のセキュリティーグッズ、といっても、盗聴器、盗聴器発見器など、品揃えがマニアックなだけに、ちょっと戸惑います……。

隈　普通の店で、店内もこの明るさだから、後ろ暗さが余計に増すというか。

——別の雑居ビルの地下には、一般の流通経路にのらない、インディーズの漫画やアニメ系の同人誌などを扱うショップ。一八歳未満禁止の作品も数多い。他に、コスプレ姿で撮影してもらえる写真館もあり、メイド姿、アニメキャラ、ゴスロリなど、自分でコスチュームを選び、記念写真に収まることができる。

鉄道模型店「ポポンデッタ」、ロボット専門店「ツクモROBOT王国」などマニア趣味の王道を行く専門店や、レトロゲームソフトの専門店、漫画とアニメを中心にした古書店ビル「まんだらけコンプレックス」、「秋葉原ガチャポン会館」などを回遊する。

メイドガイド　「まんだらけ」は中野ブロードウェイに本店がある、オタク界では有名なお店です。秋葉原にある店は、特にアニメ本、マニア本やDVDが充実しています。

隈　高円寺を歩いた時に、僕たちは中野にも行ったんですよね。中野ブロードウェイの迷路感と突然感もすごかった。

清野　中野は秋葉原の派生地として、近年、急激にオタク化が進んだ町ですよね。サブカル族が集まる高円寺から一駅東京寄りの中野は、文系のオタクが集う町として有名になっていますが、その中心的な役割を担っているのが「まんだらけ」です。中野の店は、ブロードウェイというアーケードを横に埋めつくしていましたが、秋葉原のビルは縦の八フロア全部を使っているんですね。

メイドガイド　ガチャポン会館では、ご主人さまとお嬢さまに一〇〇円のお小遣いを差し上げますので、お好きなガチャポンをゲットなさってくださいませ、はい。

隈・清野　わーい。

清野　隈さんは、何をゲットされましたか。

隈　何かふわふわしたもの。ケータイのストラップですかね。僕はふわふわに弱い。

メイドガイド　猫のしっぽ……。ご主人さまはカワイイご趣味でいらっしゃいますね～。

――中央通りから西へ二本入った、通称「ジャンク通り」へ。

メイドガイド　ジャンク屋とは、パソコン関連のバッタ屋さんのことで、そのジャンク屋さんが並ぶ通りが、ここジャンク通りです。

隈　この通りの雰囲気なんかが、僕の秋葉原イメージにいちばん近いです。

メイドガイド　萌え系オタク以前の電気・電子マニアのみなさんが目指した通りがここでした。パソコンのマニアさんは、通りの店に置いてある型落ち品やワケアリ品の中から、いろいろな部品を掘り出して、自作のパソコンを作ることにヨロコビをお感じになるのです。

清野　話は違いますが、この界隈のコーヒーショップは、全国チェーンで、よそと同じ造りのはずなのに、何だか雰囲気が微妙に違いますね。

メイドガイド　実は私も機械オタクでパソコンやケータイをいじることが大好きなのですが、ジャンク通りのコーヒーショップさんには、マニアが「おおっ」とうなる最新の機器を持ち込んでいるお客さまが多く、なかなかディープな場所なのです、はい。

清野　そういうことなんですね。

メイドガイド　ご主人さまも、お嬢さまも町歩きで少しお疲れになったことと思います。

こちらのメイドカフェで、どうぞおくつろぎくださいませ。お飲み物はわたくしからのプレゼントとさせていただきます。

銀座のクラブが秋葉原で民主化された

――「Hand Maid café うさぎの森L⇕R」で、再びティータイム。中央通りに面したビルのワンフロアを使った店内は広く、雰囲気は暗めのファミレスのよう。入り口で人数を告げると、カンテラを持ったメイドが店内へと案内してくれる。

清野　ここのコンセプトは、「うさぎの森」というメルヘンな世界なんですね。メイドさんたちの頭にあるのは、長いうさぎ耳をつけたカチューシャ。その耳をフリフリさせて「ご主人さま、お待ちしておりましたぴょん」と、客を迎えるわけですね。

隈　「ぴょん」ですか……。

清野　隈さんは何を頼みますか。

隈　アイスコーヒーを。

清野　それは、こちらのメニューでいうと「にがみばしった黒豹《くろひょう》さんの、冷たいの」ですね。メニューのネーミングも全部メルヘン調で、「気分しだいの黒猫さん」がコーラ、「おしゃべり上手なオウムさん」がメロンソーダ。私は「冷静沈着山猫さんの、冷たいの」にします。

隈　何ですか、その山猫は。

清野　フツーのアイスティーです。

――テーブルの上に置いてあるデンデン太鼓でメイドを呼び、注文する。隈のアイスコーヒーが先に到着。清野が頼んだアイスティーは、「お嬢さま、山猫さんが今、脱走中なので、もうしばらくお待ちくださいませ」と、舌たらずの〝りす声〟で言われる。奥のガラス窓越しに、調理にいそしむメイドの姿が見える。店のＢＧＭは「およげ！たいやきくん」。やがて、店の一角にあるステージで、メイド数人による歌と踊りのミニショーが始まる。

清野　トイレの場所を聞いたら「太鼓橋を渡った向こうです」って。太鼓橋って、どんな橋かと思ったら、これもただの通路。このように、店内は内装も含め、全体的に素人っぽくてゆるい感じですが、逆にそれが、メイドさんの接客術を浮き立たせています。

隈　メイドカフェって、客も店も、ある虚構の中で演技をする、という点で、銀座の高級クラブに通じるものがありますね。

清野　銀座のクラブは料金が高すぎて、一般市民はなかなか行けませんが、メイドカフェは、コーヒーにしてはちょっと高めの支払い……というくらいで、お約束の演技のやり取りができる仕組み。銀座のクラブが、秋葉原で民主化されたわけですね。

隈　そもそも銀座の客だって、ヘンタイの一バージョンにすぎないですからね。ヘンタイと一言でいっても、そこには年寄りのヘンタイもいるし、若いヘンタイもいる。

清野　銀座は年寄りを受け持っているんですか。

隈　二一世紀になってからそれが衰微の一途を辿っていることは淋しい限りですが、日本文化の世界に誇る核心とは、一言でいい切ると「ヘンタイ性」のことなんですよ。谷崎潤一郎、川端康成と、近代の文学史を辿っても明らかですよね。

清野　それは、おっしゃる通りですが。

隈　そのヘンタイ史に併走して生きてきたのが日本女性です。日本の女の人は、ヘンタイの男を演劇的に取り扱うことに、ものすごく慣れていますよね。それは一種のマゾヒズムともいえるものでしょうけれど、僕がメイドカフェで感嘆するのは、日本の婦女子育成というものの完成度の高さと、時代を超えた継続性ですよね。

清野　すぐにはうなずきたくない話ですが、日本人の恋愛をめぐるイマジネーションの深層には、そういった共犯関係があると思います。

隈　その舞台が、京都とか金沢とかのしめっぽい場所ではなく、一見正反対のぐしゃぐしゃの秋葉原という町に、アニメ的な設定で、より現実感を薄めて移った、というところが面白い。まあ、それによって、客の男の寒々しさがいっそう引き立つ。併走者がいて、かろうじて立っていられる寒々しさ……。

清野　男性客の寒々しさに加えて、店の内装や、出てくるものの安っぽさというのも特徴的ですね。

隈　最初に行ったメイドカフェでもそうでしたが、男の想像力の中には、この貧しさが必要なんですよ。というか、この貧しさを利用して、演じている自分自身を笑い、否定している。そこが三重に快感なんです。これぞ空間の快楽性（笑）。

清野　はあ。

隅　普通は、空間の快楽性って大理石張りみたいな豪華な空間を指すけど、日本では貧しいほど快楽空間なんだよね。

清野　そうやって、何かというと現実から逃げたがる男性を、多々見かける今日このごろです。

隈　たとえば麻生太郎は、婦女子にかしずかれて育った日本男児の象徴で、婦女子が読むから彼は漢字を読む必要がない（笑）。

清野　日本を代表する名家のお坊ちゃんで、総理大臣にもなり、オタクとしてもはしゃいでいましたが、自民党を野党にして、歴史に負の名前を刻んでしまいました。

隈　あれは日本の男の典型的な甘やかされ方で、麻生太郎の成り下がりぶりこそ、二一世紀の、成熟し衰退する日本が目指すモデルたりえる（笑）。

清野　鳩山由紀夫も、以前、『オタクエリート』というマニア雑誌の表紙を飾っていましたが、麻生の後、民主党政権になってからの、情けなさぶり、成り下がりっぷりにも、驚くべきものがありましたね。

隈　二一世紀は格差社会が加速する時代でもありますが、「オタク」とは、麻生、鳩山といった上流階級から、普通の人たちや外国人までをひっくるめて、社会に対する新しいスタンスの別名なんですよね。要するに、成り上がりと成り下がりが対比される社会じゃなくて、全員が平等に成り下がって、その成り下がり具合に快楽を見つけている（笑）。別の新しい社会階層が浮かび上がる、その舞台ということでも、秋葉原の意味は大きい。

「負ける男」が社会の表面に浮上してきた

清野　今では、何かにちょっとこだわりでもあると「〇〇オタク」といったりしますよね。たとえば隈さんだったら「建築オタク」といわれたり。

隈　確かに四六時中、建築に浸らざるをえない人生です。

清野　隈さんはご自分がオタクといわれたら、うれしいですか。

隈　僕はオタクではないと思ってるけど、作るものはオタク的なんだよね。

清野　そこを自覚されているのはさすがですが、特にネットの浸透以降、何かのプチマニアみたいな人たちがたくさん世の中に出てきて、自分を「〇〇オタク」と称したりするようになって、オタクとプチマニアとの境界線がすごくあいまいになりましたよね。そういう環境でオタクの定義づけに迷う場面が増えたのですが、私のイメージでは、オタクには〝モテない要素〟がかなり入っています。これは良し悪しとはまったく別の論ですが、オタクという呼称を用いる時、そこには、生身の人間関係や現実の競争社会に適応しにくい、という要素がとてもあると思います。

隈　2ちゃんねる的にいうと、「非モテ[*10]」とか「リア充[*10]」とか……。

清野　その言葉の意味するところを実感として分かる人こそが、オタクを名乗るにふさわしい存在だと思うのです。ごく簡単にいうと、「弱い男」ですよね。

隈　『負ける建築[*11]』じゃないけれど、「負ける男性」。

清野　そう。そして二一世紀になって、それら「弱い男」あるいは「負ける男」という階層が社会の表面に浮上した。彼らは総理大臣から町の通行人に至るまで、グローバル競争時代の国際社会には打って出られないし、そもそも打って出ることの必要性も動機も内側に持っていない。

隈　そういうと、だから日本は弱くなり、ダメになるのだ、という論調にいきがちですが、僕は、日本の生き延び方として、それはアリだと思う。弱いままの自分を逆手に取って、無駄に争うことなく、相手を適当にほだして、快適に生きていく、っていう芸当。

清野　その生き方は、まさしく日本女性たちが歴史の中で繰り返してきたことでもあります。

隈　今は、弱い者という新たな社会階層を受け入れ、彼らの支持を受けて、それを束ねる者がリーダーになる時代で、その中に女性は間違いなく入る。弱い者をまとめて受け入れる「ムラ」として、秋葉原の発展は必然だし、その装置の一つとして、メイドカフェも登場したんです。メイドカフェがありがたく、神々しく見えてきたでしょ（笑）。

――成り下がる男たちと、日本の婦女子の優秀さに関して意見を交わしているうちに、メイドガイドがお迎えにやってくる。「どうもありがとうございました」と、本日のガイドは終了。

隈　ガイドツアーは、なかなか面白かったですね。

清野　メイドガイドさんと回った店の中では、どこが印象的でしたか。

隈　僕は秋葉原ガチャポン会館が印象的でした。

清野　へえ。新旧さまざまなカプセル玩具自販機の「ガチャポン」が、店の入り口から奥

「秋葉原ガチャポン会館」店内

までズラーッと並んでいて、不思議な空間だったことは確かです。しかし、なぜ。

隈　あそこで実現されている「フレーミング」と「縮小」が、すごく面白かった。

清野　フレーミングと縮小とは？

隈　建築家が使いたがる建築用語の一種ですが、要するに、枠組みを設定して、そこにある要素をきっちりと詰め込むことで、ドロドロした人間的な何かを〝文化〟にする時の常套《じょうとう》手段ですよ。収集っていうアキバ的作業もこの一種。

清野　秋葉原ラジオ会館の一階にあったレンタルショーケースも、まさしくフレーミングと縮小でしたね。

隈　そう。僕はオタクではないけれど、フレーミングと縮小のワザを駆使して、かつて強かった建築をカワイクしようとしたり、弱くしようとしたりしている。秋葉原では町がこぞってフレーミングと縮小という手段を用いることで、人間のリビドーを〝文化〟に高めている。

清野　リビドーということでいえば、ＡＫＢ48劇場の周囲にうずまくリビドーのエネルギーはすさまじいものがあります。「会いに行けるアイドル」のコンセプト通り、収容人数二五〇人の小劇場で連日、公演を行っていますが、人気の高いメンバーが出演する時のチケットの倍率は一〇〇倍以上。そのチケットを求めてビルに集まる男の子たちの群れには、久しぶりにけものの匂いを感じました……（笑）。

隈　ＡＫＢ48劇場のような「ハコ」を筆頭に、メイドカフェや他のマニアックな店は、まだ生々しすぎるのですが、ガチャポンまで縮小されると安心して浸ることができます。

清野　しかし、そんなフレーミングと縮小の「ムラ」も、二一世紀の大規模な再開発から逃れることはできませんでした。最後は、その中心的な建物である、ＪＲ駅前の「秋葉原クロスフィールド」に行くことにしましょう。

――秋葉原クロスフィールドは、東京都のテコ入れで二〇〇六年にグランドオープンした超高層再開発ビル群。「秋葉原ダイビル」（地上三一階・地下二階）と、「秋葉原ＵＤＸ」（地上二二階・地下三階）のオフィスがメインのビル二棟に加え、集合住宅の「TOKYO TIMES TOWER」（地上四〇階・地下一階）、「神田消防署」（地上一二階・地下二階）が、ＪＲ高架線沿いに出現している。

隈　ここは駅の真ん前だけど、今まで歩いてきた秋葉原とは隔絶されていますね。

清野　このあたりは、かつて神田の青果市場があった場所です。大田区に移転した市場の跡地に旧国鉄の貨物駅の跡地を加えたこの一帯の再開発を含む、「東京構想２０００」が発表されたのが二〇〇〇年。「ＩＴ関連産業の世界的な拠点を形成していく」という石原慎太郎都知事のかけ声のもとで、超高層再開発の秋葉原クロスフィールドが誕生しました。

ムラ人の欲望とずれまくる二〇世紀型の大規模再開発

隈　これって、事業コンペがあったんですよね。

清野　二〇〇一年に、東京都の保有地、約一万五七〇〇平方メートルに関して、事業計画と買受金額についてコンペ方式で公募。その結果、NTT都市開発、鹿島の二社による特別目的会社とダイビルの共同計画案が選ばれました。といっても、コンペの応募はその一案だけ。コンペに複数案の応募がなかったことや、買受金額が周囲の相場よりずいぶん低いといわれたこと、そもそも秋葉原に超高層再開発が必要なのかなど、問題がいろいろと指摘されましたが、ともかく二〇〇六年にグランドオープンしたんです。

「秋葉原クロスフィールド」

隈　広場を作って二〇世紀の都市計画的には優等生だけど、外はキレイすぎてアキバ的じゃない。そもそも広場って、超高層を建てた時の慰謝料だもんね。中はどうなっているんでしょう。

清野　秋葉原ダイビルの中層部には、開発側が産学連携の拠点と位置づけた「アキバテクノクラブ」が、ＵＤＸの中層部には、日本のアニメ情報を発信するという「東京アニメセンター」が入っているなど、それらしい色づけがなされています。

隈　産学協同って、いっとき流行りましたね。

清野　二〇〇五年につくばエクスプレス[*12]が開通し、都心部と茨城県にある学園都市が結ばれ、秋葉原という地域に「会社員」「研究者」という新しい都市民の流入が始まったので、かけ声としては決して間違ってはいません。また、この一角が、これまで歩いてきた秋葉原の町から雰囲気を一変することは確かです。

隈　ふーん。それなりに楽しむことはできそうだけど、町中のインディーズな店たちに比べて、インパクトは圧倒的に落ちますね。

清野　要するに、東京中どこにでもあるキレイなオフィスビルです。その中には、「オタク」「マニア」をテーマにしたまちおこしのショップスペースもあります。ただ、近くにあるＪＲガード下の「ガンダムカフェ[*13]」の活気と比べると、すぐ前のクロスフィールドは静けさが支配する場所です。

隈　そうですよね。

清野　ビル内の雰囲気も町中とはずいぶん違っていて、ここの飲食店街に並んでいるのは、サラリーマンが好みそうな居酒屋とか喫茶店で、脂系のファストフードとは趣が別です。このビルのおかげで、アキバに一般人の居場所ができた、という声はあるのですが。

隈　このビルに関して、僕が言うべきことはあまりありません。

清野　そんな。

隈　いえ、デザインの質は一応水準以上。

清野　という言い方で、ご不満を表明しておられるように聞こえます。

隈　計画の始まりが二〇〇〇年で、完成が二〇〇六年。ということは関係者すべてが、大規模再開発の効果など心の底から信じていたわけではないでしょう。それでも関係者にはムリして建てねばならないさまざまな事情があり、実際に優れたデザインだけど、逆に二一世紀になって日本人が失ったものばかりが目立つ。

清野　クロスフィールドと前後して、ＪＲ秋葉原駅の周辺には、ヨドバシカメラ、ソフトウエア会社の富士ソフトのオフィスビル、高級ビジネスホテルのレム秋葉原が入る「TX秋葉原阪急ビル」といった高層ビルが次々と建てられましたが、秋葉原という町に超高層再開発というソリューションは適合しますか。

隈　適合します、と前向きにいい切れるものではないけれど、否定はしない。

清野　超高層か低層か、というところに問題はない、ということですか。

隈　そもそも、東京の中での秋葉原の位置づけは、決してメジャーではないですよね。山手線で辿ると、東京の隣に下町の神田が来て、さらにその隣にあるのが秋葉原で、ここは場末といっていい。そんなポジショニングの上に、家電という大衆消費文化や、オタクたちの文化が花開き、世界的に有名になった。

清野　だとしたら、大規模再開発は考え方の順序が逆ですよね。秋葉原は世界的に有名な町である。だったら大規模再開発がよいだろう、と。

隈　そこに問題があります。秋葉原の魅力は今も昔も場末のバラック性と、それがゆえの祝祭性にあるわけで、その主役は誰かといえば、ドロドロしたものを持った村人です。そこに大きなビルと浄化された市民を持ってきても、村人と溶け合うことはできない。

清野　日本は浄化された市民に期待した時期もあったと思うのです。

隈　戦後の経済成長の時代に、アメリカ式の市民生活が宣伝されてね。アメリカの最大の欠点というのは、ピューリタン的に、何でもかんでも浄化しすぎてしまうことなんですけどね。その浄化という病気が、緑の芝生の上の白い郊外住宅という形に象徴化されていた。それを少しもピューリタン的ではなかった日本人が、馬鹿みたいにあこがれたところから、すべての間違いが始まる（笑）。

清野　ピューリタン、つまり清教徒というのは、潔癖で、清潔であることを心地よいと感じる人たちですよね。対して、農民由来の日本人は勤勉かもしれないけれど、潔癖とは違って、ユルさがやっぱり好き。ただ、日本では、ユルさを基盤にした長ーい自民党政権が終わった後に、菅直人という市民運動出身の総理大臣が誕生しましたけれど。

隈　民主党というのは、浄化の代表ですよね。戦後、日本の村を代弁する自民党の、ユルさというよりはあまりのドロドロさ加減の連続に国民全体で嫌気がさして、民主党のクリーンなイメージに期待したわけですが、でもその民主党にしたって、フタを開けてみたら、出てきたものは、もはや欲望ともいえない貧相な勢力争いで、さらに始末に負えなかった。

清野　隈さん、あらためてうかがいたいのですが、「欲望」って何のことなのでしょうか。

希望の星、それはアキバに勃興《ぼっこう》するヘンタイの様式美

隈　ラディカルな問いかけが出ましたね。でも「ムラ論」にとって重要な出発点です。

清野　重要であり、切実である。

隈　人間は、自分という生物に適した空間を生み出しながら、生き延びていきます。その原動力となるのが欲望。要するに欲望って「生きたい」ってことです。だから、欲望がなくなったら、僕たちは生き延びていけないし、都市もムラも建築も生まれない。

清野　とても簡単なお答えでした。

隈　これでは満足できないですか。

清野　いえ、とてもよく理解できます。私自身、一見、複雑に見える自分の行動の根源を辿れば、いつでもたった一つのシンプルな原理しかないですから。

隈　どういう原理？

清野　あえて直答はしないでおきます。ただ、人間の欲望というものは取り扱いがやっか

いだ、ということは、つくづく感じます。

隈　人間が持つ欲望をどう取り扱うかということは、それこそローマ帝国、カエサルの時代から権力者たちが都市計画のテーマにしてきたこと。都市計画って、欲望の処理技術の一つなんです。だから、カエサルは都市計画にとても興味があったし、それを継いでローマ帝国の基礎を作ったアウグストゥスは、都市計画マニアみたいな男だった。その処理技術の人気ナンバーワンが「広場」なんですよね。

清野　広場、とは?

隈　人間の性欲がすれ違う場所のことです。

清野　ああ。

隈　秋葉原にはまさしく「すれちがいの館」という場所があり、あれこそが二一世紀の「広場」なのですが、たとえば大手ゼネコンに勤めるような、従来のオーソドックスな建築教育を受けた優秀な人たちには、それが肌身で理解できない。

清野　二〇世紀的な競争社会に適応し、ごく普通にモテて、リア充していると、それは分からないかも。

隈　「すれちがいの館」だけでなく、メイドカフェも、ＡＫＢ48劇場も、恐ろしく細分化された マニア向けの店も、すべて人間の性欲がすれ違うために用意された二一世紀の演劇的空間なのです。秋葉原みたいに日本文化の一つの本質を町の原理に取り込んでいくことは、日本にとってものすごく重要な戦略なんですけどね。

清野　その、日本文化の一つの本質を、隈さんは「ヘンタイ性」とおっしゃいましたが、国会とか企業では、なかなか議論に挙げられにくいかもしれません。

隈　別に国会なんかで議論されなくても困らないのですが、ヘンタイ性こそ、世界に冠たる日本文化であることは確かですよ。日本のアダルトビデオには、ありとあらゆる妄想の種類が詰まっています。遡れば江戸時代の浮世絵もそうですし、秋葉原でいえばアダルトアニメやエロゲーの類も、他民族には真似できない豊富な想像力、妄想力に満ちています。あのイマジネーションのパワーを、どのような形で建築というものに翻訳するかが、建築家のワザの見せどころで、一九五〇年代、東京の歌舞伎座を復興設計した和風建築の大家、吉田五十八[*14]だって、大阪の新歌舞伎座を設計した村野藤吾[*15]だって、そういうヘンタイワザが突出していたわけです。

清野　秋葉原は建築家には作れないですか。

隈　今の建築家では力不足だ、というのが正しいでしょう。だって、吉田五十八が執念を燃やした数奇屋《すきや》風の建築は、「わび」「さび」という日本文化の大きな枠組みをまといながら、細部に人が「あっ」と驚くような欲望に直結した粋なしかけが満載です。

清野　清涼な空間のはずなのに、なぜかむらむらきてしまう、という。

隈　そうでしょう(笑)。

清野　広場とは、隈さんがこの章の冒頭で提示したキーワードでいうと、演劇的空間のことでもありますよね。

隈　その意味で分かりやすいのは、オットー・ワーグナー*16が活躍した一九世紀末から二〇世紀初頭のウィーンです。ウィーン郵便貯金局といったワーグナーの代表作だけでなく、土木の類に入れられる普通の橋でも、ワーグナーが関わった建造物には、すべてエロチックな雰囲気がかもし出されています。その祝祭空間を彼がウィーンに用意したから、クリムトやココシュカといった画家や、マーラーのような音楽家が出現した。

清野　日本では京都などに、かろうじて分かりやすい祝祭性と演劇的空間が残っていますよね。

隈　川端や谷崎の作品を例にとるまでもなく、日本の男女は、京都などを舞台にしながら、歴史的な演劇的関係性を作り上げてきましたよね。京都に限らずとも、日本には吉田五十八や村野藤吾による、巧妙に設計されたエロ建築があったのに、二〇世紀のアメリカによる清潔な価値観で一掃されてしまった。日本の演劇的空間が年々、貧しくなる一方だということは、歴史的に見ても大きな損失だと思いますが、その中で奇跡的な位置を獲得しているのが秋葉原なんです。でも、そこにも浄化のプレッシャーがかかっているのが現実。

清野　浄化のシンボルとして、秋葉原クロスフィールドという巨大な「物質」が、私たちの目の前にはある、と。

隈　ただ、歩いてみて希望が持てたのは、秋葉原にヘンタイの様式美が興りつつあることでした。演技の様式美ということでいったら、もはや銀座のクラブ以上です。メイドカフェの「ご主人さま、お嬢さま」や「萌え〜」というセリフは、あと一〇〇年たったら歌舞伎ですよ。

清野　銀座の様式美が衰退する代わりに、秋葉原でそれが大衆に開放されている、というのは二一世紀的ですね。

隈　逆説めくけど、それは健全な流れだと思いますよ。だって、背伸びした人ってイヤだよね、というのが、今の時代の空気ですから。何しろ一億総成り下がりなんだから。

注1　**『宇宙戦艦ヤマト』**　一九七四年に放送が開始されたテレビアニメ。企画は西崎義展、監督は松本零士。七七年、舛田利雄の監督で劇場版映画として公開された。

注2　**『銀河鉄道999』**　松本零士による漫画、アニメ番組、アニメ映画。漫画は一九七七年に発表。七八年、テレビアニメとして放送開始。七九年、りんたろうの監督による劇場版映画が公開された。

注3　**『機動戦士ガンダム』**　一九七九年に放送が開始されたテレビアニメ。ロボットアニメのジャンルを開拓したガンダムシリーズの第一作。原作は矢立肇、富野喜幸（現・由悠季）、監督は富野。八一年、同じく富野の監督による劇場版映画が公開された。

注4　**『新世紀エヴァンゲリオン』**　一九九五年に放送が開始されたテレビアニメ。原作はＧＡＩＮＡＸ、監督は庵野秀明。九七年、同じく庵野を総監督とした劇場版映画が公開された。注1から注4まではいずれもＳＦ作品で、現在、われわれが生き、暮らしている地球の来るべき滅びを物語のベースに置いている。宗教的な終末観は、『新世紀エヴァンゲリオン』に至り、とりわけ色濃く反映されるようになり、

アニメファンの間では「世界観」という作品鑑賞のキーワードが定着した。

注5　腐女子　狭義では美少年同士の恋愛小説やコミックに耽溺《たんでき》する女性のこと。広義には、オタク傾向の強い女性を指す言葉として使われることが多い。

注6　ＡＫＢ48劇場　作詞家の秋元康のプロデュースで誕生したアイドルグループ「ＡＫＢ48」の拠点劇場。ドン・キホーテ秋葉原店の八階に、二〇〇五年一二月にオープン。

注7　岡田斗司夫　一九五八年大阪府生まれ。オタク第一世代に属し、「オタキング（オタクの王）」と呼ばれる。一一七キロだった体重を五〇キロも減らす減量に成功。その体験を綴った『いつまでもデブと思うなよ』（新潮新書、二〇〇七年）がベストセラーとなった。

注8　秋葉原案内所のアキバツアー　ラジオ会館の向かい、ゲーマーズ本店一階の店頭にある秋葉原案内所では、メイド姿の女性ガイドが無料の町案内を行っている。要予約のアキバツアーは、一二〇分二九八〇円（二〇一一年六月時点）。メイドガイドとの記念撮影やおでん缶のおみやげなどがつく。

注9　自販機伝説　設置当初は年に一〇〇〇万円の売上といわれていたが、テレビで取り上げられてから、年商一億円という話になった。ただし真偽のほどは定かでない。

注10　「非モテ」「リア充」　いずれもインターネットスラング。「非モテ」は、異性にモテないというだけでなく、他者から承認を得られないという状況を含む。「リア充」は、リアルな生活が充実している、という意味。

注11　『負ける建築』　隈研吾著（岩波書店、二〇〇四年）。「突出し、勝ち誇る建築ではなく、地べたにはいつくばり、様々な外力を受け入れながら、しかも明るい建築」という隈の目指す建築概念を、「負

ける」という反語的な留保をもって表現した。

注12　つくばエクスプレス　二〇〇五年開通。運営会社の「首都圏新都市鉄道」は、東京都、埼玉県、千葉県、茨城県をはじめとする沿線自治体と民間企業が出資している。「秋葉原」と「つくば」間を最速四五分で結び、オタクやマニアの町という都心部と、学園都市という研究エリアの相互交流を活発化させる切り札とされた。しかし現実には、サラリーマンが勤務する都市部と労働力を提供するベッドタウンとを結ぶ、よくある図式に落ち着いている。

注13　ガンダムカフェ　二〇一〇年四月にオープンした、『機動戦士ガンダム』をテーマにしたアミューズメントカフェ。ウエイトレスの制服はガンダムに登場する地球防衛軍のデザイン。店頭では小麦粉で作った皮に餡《あん》やベーコンマヨネーズなどをサンドする大判焼きの変型「ガンプラ焼」が名物になり、平日でも行列ができる新名所として定着。

注14　吉田五十八　一八九四（明治二七）年東京都生まれ。東京美術学校建築科を卒業。アメリカの日本大使公邸（ワシントンＤＣ）、歌舞伎座（東京都中央区）の復興改築、大和文華館（奈良県奈良市）、五島美術館（東京都世田谷区）などを手がける一方で、数奇屋建築の近代化にも力を注ぐ。梅原龍三郎の画室（山梨県北杜市の清春白樺美術館内に移築）、吉屋信子邸宅（現在は神奈川県鎌倉市の吉屋信子記念館）、料亭の設計などにも携わる。一九七四年没。

注15　村野藤吾　一八九一（明治二四）年佐賀県生まれ。早稲田大学建築学科卒業。モダニズムの中にも装飾的な要素を取り入れた作風が特徴。代表作には、日生劇場（東京都千代田区）、赤坂迎賓館本館（東京都港区）の改修などがある。都ホテル（現・ウェスティン都ホテル京都）の別館、佳水園（京都

府京都市）のような数奇屋風建築の設計も手がけた。一九八四年没。

注16　オットー・ワーグナー　一八四一年オーストリア生まれ。建築家、都市計画家。九〇年代にウィーンの都市計画顧問として、ドナウ運河の水門や、鉄道の駅舎、トンネル、橋梁《きょうりょう》などの設計を監修。画家のG・クリムトらが結成した、世紀末様式のウィーン分離派にも参加、アール・ヌーヴォーの影響を受けるが、後にクリムトとともに同派を脱退。ウィーン郵便貯金局はその後の代表作。一九一八年没。

第4回「小布施」

Introduction by 隈研吾

「ムラの再発見」は二〇世紀の最重要事件だった

ムラが再発見される、とはどういうことか。最後にもう一度、考えてみたい。もともと「村」はずっとそこにあったわけであるが、その「村」が「ムラ」として再発見される。日本では一九七〇年代に相前後して、その再発見があった。

これは日本に限った現象ではなく、世界的で同時多発的な現象でもあった。話を分かりやすくするために、本書では再発見以前を「村」、以後を「ムラ」と表記してきた。二〇世紀の諸事件の中でもムラの再発見こそが、最重要な政治的、経済的事件であったと僕は考える。

交通や工業の発展により、村は二〇世紀のはるか以前から徐々に、しかし確実に失われてきた。それはルネッサンス以降といってもいいし、産業革命以降とする人もいる。あるいは、やはり二〇世紀アメリカが決定的だという説もあるが、いずれにしろ村は長い時間をかけて失われ続けたのである。

一九世紀から二〇世紀にかけての大事件と考えられているもの——たとえば大恐慌、世界大戦、国民国家の誕生、建築・都市の分野でいえば「モダニズム建築の世界制覇」といった出来事——は、いずれも村の消滅と深い関係がある。

村が消滅していく中で、「国」がより重要な単位となり、国が資源や労働力を外部に求めたことの結果が、世界大戦という形をとった。

建築のモダニズムとは、村の消滅の過程で、それぞれの村に固有な建築様式が消滅していった——そんな悲しい事件を、思い切り肯定的に、能天気なデザインに翻訳しただけともいえる。第二次世界大戦もモダニズムも、「村の消滅」という長いプロセスの中の一コマであった。

しかし、「ムラの再発見」は違う。それは流れの中にある一コマではなく、流れが反転する転換点そのものであった。そこが決定的に重要なのである。

たとえば一九六八年のパリの五月革命に象徴される「異議申し立て」と、「ムラの再発見」との間にも深い関係がある。

五月革命は、学生たちが既成の左翼勢力を批判し、そのお返しに、フランス共産党もまた学生たちを単なる「挑発者」として批判し返すという、徹底して破壊的で、ほとんど収拾不可能と思えるほどのものだった。学生たちの「異議申し立て」は、既成左翼の中に西洋的な思考法、すなわち多様性や自治を容認しない中央集権的・全体主義的思考法が保存されていることに向けられ、既成左翼の中にひそむその西欧的方法自体を解体しようとしたのである。それゆえ彼らはニーチェの西欧批判に心酔し、またレヴィ＝ストロースの西欧批判、その文化人類学的周縁志向に対しても強い関心を抱いた。五月革命の行おうとした解体、そして自治は、その後のすべての政治運動のモデルとなった。五月革命は都市の中で権力と左翼が対立するという二項対立を否定して、小さなムラが乱立するような混沌とした状態を理想としたのである。「ムラ」の原点はそこにある。

男であるとか、女であるとかで成立する社会はニセ物である

レヴィ＝ストロースの考え方の中で僕自身が最も共感を抱くのは、彼が本物とニセ物の社会とを、はっきり区別したことである。五〇〇人程度の成員からなる、お互いが顔を見

知った人々からなる社会を、彼は本物の社会と呼んだ。その五〇〇人は、属性によって社会を構成しているわけではない。男であるとか女であるとか、あるいは収入とか趣味とかの属性によって成立する社会はすでにしてニセの社会である、とレヴィ＝ストロースは断言した。本物の社会は、属性によってではなく、ある時間の継続の結果として属性を超えて出現すると彼は定義した。それこそが、本書でいうところの「ムラ」である。そのようにして、属性によって構成される共同体とムラとを峻別《しゅんべつ》したところに彼の決定的な新しさがあり、それが彼の共同体論をそれ以前の共同体論と区別する。

レヴィ＝ストロースが、あの感動的な『悲しき熱帯』を出版したのは一九五五年であり、続く『野生の思考』は六二年のことで、五月革命に先行する。

日本では、大分県の湯布院のまちおこしを先導したことで名高い中谷健太郎が、故郷の湯布院に帰ったのが一九六二年。彼が二七歳の時だった。中谷は湯布院の旅館「亀の井別荘」の息子として生まれたが、映画好きのシティボーイで、東京の大学を卒業した後は、東宝撮影所で映画の助監督として過ごす。その彼が村へ帰還したのは、東京オリンピックの直前、奇《く》しくもレヴィ＝ストロースの『野生の思考』と同年であった。

長野県小布施町《おぶせまち》の栗菓子の老舗《しにせ》「小布施堂」の跡取りで、中谷と同じくとびきりのシティボーイ、市村次夫が、父親の急逝で勤務先の東京から村に帰還するのは、それから一八年後の一九八〇年、三一歳の時である。

彼らの「帰還」について考える時、もう一人のアジアの人間の顔がどうしても思い浮かぶ。アジアの「悲しき熱帯」を中心に高級リゾートを展開する、最高級のブティックホテル・チェーン「アマンリゾーツ」の創立者、エイドリアン・ゼッカである。彼もまたムラを再発見し、世界の構造を転換した一人である。

「ムラ」から「都市」へと〝逆流〟する流行

インドネシアに生まれたゼッカはアメリカで学び、ジャーナリストとして出発した。「タイム」で勤務したり、香港で旅行雑誌を創刊したりした後、理想のホテルを追求して、二人の盟友とともに、高級ホテルグループ「リージェント・インターナショナル・ホテルズ」を設立する。一九七〇年のことである。

リージェントのホテルは、日本の旅館からインスピレーションを得たというきめ細やかなサービスと、斬新《ざんしん》なインテリアで、ホテル界の話題をさらった。その代表が「ザ・リージェント香港」だった。さらに一八年後、ゼッカは盟友二人と袂《たもと》を分かち、より小さく、よりアジアのフレイバーが強いムラ風リゾートホテルのチェーン「アマン」をスタートさせた。

アマンはホテルの歴史を変えたといわれる。ゼッカが選んだのは、徹底的に田舎のロケーションである。バリやプーケットのリゾートではあるが、中心地の賑わいからはるかに離れた、不便きわまりない山の中、海岸沿いの崖っぷち。建物はといえば、農家と見まがう民家スタイルで、素材も地元の木、石、土、紙、布のオンパレード。そんな「ムラの家」でありながら、一泊一〇万円以上。世界中を旅するセレブが、この「ムラの家」に嬉々として一〇万円を払ったのであった。

もともとジャーナリストだったゼッカの目が再発見したムラは、それだけの価格で取引され、アマン・テイストは、リゾートホテルだけでなく、世界中の都市型ホテルや商業空間のインテリアにまで、大きな影響を与えた。都市の流行が中心から周縁へと伝播して村に到達するのではなく、はずれであったはずのムラが都市という中心を変えるという、逆向きの流れが、ここに生まれた。

しかし、湯布院や小布施にはアマンを超えるものがあった。中谷健太郎や市村次夫らがやろうとしたことは、もう少し大きな広がりのある、重たい仕事だったと僕は感じる。

ムラに突きつけられる「経済」と「美学」の連立方程式

たとえばアマンが作っているのは、人里離れたムラの一軒家だ。しかし湯布院や小布施で彼らがやろうとしたことは、ムラそのものの社会システムを生き返らせるという試みだった。生き返らせるとは、美的に再発見させるだけではなく、経済的、社会的にムラを再生させる作業である。

小布施では、市村次夫と彼の片腕だった従兄弟の市村良三が「町並み修景事業」という、おせっかいともとらえられかねない道に踏み込んだため、当然のことながら、多くの困難、面倒、摩擦に直面した。その困難に彼らが挑んできたのは勇気によるものといえるが、逆の見方をすれば、日本の村には、そもそも人里離れた一軒家などというロマンチックな建物は存在せず、人も景色も、すべてがベタベタと癒着して、切り離しようがなく存在していたから、そこまで踏み込まざるをえなかったともいえる。

癒着したネバネバ、ベタベタの環境は、建築の力だけで変えることはできない。景観の修復だけではムラは変わらないと、中谷も市村も直感的に察知したのである。そこに新しい質を持った経済を構築しない限りは、ムラの全体像は変化しない。どんな人々を呼び込み、いかにお金を落としてもらうか。それ以前に、ムラの人々は何をもって生計を立てるか、周りの田畑や山林は、どう耕され、メンテナンスされるのか。その問題をクリアにしなければ、ムラに希望の光は射し込まない。彼らにはムラを取り巻く問題の本質が見えていた。

その問題を乗り越える過程で、新たな困難は次々と生じる。湯布院では、観光客の若年化、ムラの原宿《はらじゅく》化が問題となって、ムラにふさわしい閾《しきい》の高さの保持が問われた。原宿化という形でムラが消費されてしまっては、ムラは持続可能な本物の「ムラ」とはなりえない。レヴィ＝ストロースだったら、それはニセ物だと一蹴《いっしゅう》するだろう。が、ムラに住んでいる当人としては、ニセ物だろうが何だろうが、そこに住み続けるしか途はない。

小布施でも、観光で生きていく町場と、昔ながらの周囲の農村は、まだうまく結ばれていない。小布施は農村が果樹栽培で経済的に恵まれているがゆえに、農家には町場と連携する動機がそもそも薄い。観光客が町場のレストランで地元産のジャムをパンに塗るぐらいでは、連携は深まるものではない。周囲の農村にまちづくりの動機が薄い中で、まちづくりをリードしてきた市村家だけが孤立して浮かんでいるように僕には見える。

そのような、相互にからみ合った経済と美学との連立方程式が解けない限りは、ムラは容易によみがえらないのである。しかし、それでも、ある人々の勇気や努力で、一つのムラが再生すれば、その先に日本自体の再生が見えてくるかもしれない。

二〇世紀の後半、国という単位が自壊しつつあるという予感の上に、ムラの再発見があった。そして二一世紀の今、政治においても、経済においても、国という単位に依拠して活動してきたすべての主体は、例外なく崩壊しつつある。国という単位がすでに力を失っているからである。だからこそムラは、ファッションや美学の単位としてだけではなく、経済としても自立し、政治としても自立して、人々を支えることが、強く求められている。国にサポートされるのではなく、逆に国をリードする「ムラ」が切実に求められている中、小布施はその最強のモデルと考える。

Dialogue by 隈研吾×清野由美

☆町の概要　長野県上高井郡小布施町。県庁所在地、長野市の北東一八キロメートルほどに位置する。町の面積およそ二〇平方キロメートル、人口約一万一〇〇〇人。主要産業は農業。栗やリンゴ、モモ、ブドウなど果実の産地として名高い。町の歴史は室町時代にまで遡り、江戸時代は千曲《ちくまがわ》川水運の拠点として商業的にも栄えた。

小布施という町の「都市性」

清野　これまで、大都市東京の中の「ムラ」的な場所を歩きましたので、最後は本当の「ムラ」に行ってみたいと思います。が、日本全国にはそれこそ無数の「ムラ」があり、「まちおこし」「まちづくり」で名を上げている場所も、枚挙にいとまがありません。

隈　まあ、際限ないですよね。

清野　商業的な話題でいうと、滋賀県の長浜、伊勢のおかげ横丁（三重県）。文化的な話題だと、ベネッセがプロデュースする瀬戸内海の直島《なおしま》（香川県）。昔の町並みに若い世代も呼び込みながら再生を進めているのは、富山市の岩瀬、奈良市の「ならまち」。文化庁の「重要伝統的建造物群保存地区」では、妻籠《つまご》や奈良井（長野県）。近年の流行語〝スローシティ〟の流れでいうと、内子町《うちこ》（愛媛県）や檮原町《ゆすはら》（高知県）などがそうですし、世界遺産だと、白川郷《しらかわごう》（岐阜県）、五箇山《ごかやま》（富山県）、石見銀山《いわみぎんざん》（島根県）。さらに観光地あり、温泉あり……と、本当にキリがありません。

隈　高度成長に取り残されたか、または住人が意識して守ったか、どちらにしても、歴史的な町並みがかろうじて残っていて、その価値が分かる人々がいる場所は、だいたい候補になりますすね。とはいっても、「まちおこし」「まちづくり」が成功しているところって、そんなに多くないんじゃないかな。

清野　何をもって成功とするか、という観点の違いはありますが、本書では、「固有の場所であり、多様な生き方と選択肢のよりどころであり、人が存在する価値を『エコノミー』ではなく『ライフ』に振り戻す地域」という定義で、「ムラ」のサイトハンティングをしています。

隈　そのフィルターって、実はすごく難しいですよ。だって、「多様な生き方と選択肢のよりどころ」になるためには、一度、そのムラなり、共同体なりが、激しく都市化にさらされる過程が必要だから。

清野　そういう場を、「最先端の感性とネットワークが集まる磁場」として、従来の「村」ではなく、カタカナで記す「ムラ」を使って表しているわけですが。

隈　その定義はいかにも小難しいけれど、要するに、都会でバブルチックな生活を一度経験したすれっからしの人たちが、次に居場所にしてもいい、と思える場所のことでしょう、「ムラ」って。

清野　そうです。観光地としての人気だけではなく、よその人が「ここに住みたいな」と思って、実際に住んでしまえるようなところ。

隈　その定義に耐えうるムラって、日本には少ないですよ。

清野　日本だけでなく、世界各地でお仕事をされている隈さんが、真っ先に思い浮かべる土地はどこでしょうか。

隈　湯布院（大分県由布市）と小布施の二カ所です。外国人の目にも耐えうるセンスのある「まちおこし」は、この二つのムラから始まったといっていい。その後、直島とかいろいろ出てきましたが、一九六〇年代、七〇年代のカウンターカルチャーと連動して、この二つのムラが出現したあたりから、日本のムラの歴史がスタートしたという感じがします。まあ、ここはムラ界の〝長嶋、王〟なんですね。

清野　今回、隈さんがサイトハンティングに、湯布院ではなく小布施を選んだのは、どうしてでしょう。

隈　いまだにナマな部分を持ちながら、まちづくりが現在進行形で進んでいるからですね。後で会話にいろいろ出てくると思いますが、小布施では、並みの小説以上にドラマチックな事件が今も続々と起こっているでしょう。

清野　私自身が、二〇〇一年に初めてこの町を取材して以来、ずっと目が離せず、定期的に通い続けています。

隈　清野さんは、まちおこしの立役者の一人、セーラ・マリ・カミングスさんのスリリングな評伝[*1]もお書きになったぐらいですから。これを取材しないで何を取材するの、って感じ（笑）。

清野　はい。
隈　逆に聞きますが、清野さんは小布施のどこに惹かれるんですか。
清野　景色のよさ。食べ物のおいしさ。時間のゆるやかさ。
隈　それだけだったら、別の他の地方でもいいはずですよね。
清野　そうですね。だから、それが核心ではないですね。では何か。少し矛盾した言葉で言うと、この町の「都市性」なんです。町の面積は約二〇平方キロメートル、人口一万一〇〇〇人あまりの小さな町ですが、小布施は町の中心地に、日本のどの都市よりも都市的な感性が凝縮されている気がします。
隈　その凝縮が何なのか、ということが、今回のテーマになりそうですね。ということで、小布施に行くことにしましょうか。
──長野新幹線「長野」駅から、ローカル線の長野電鉄に乗り換えて三五分。北信五岳《ほくしんごがく》と呼ばれる「飯綱《いいづな》（縄）山」「戸隠《とがくし》山」「黒姫《くろひめ》山」「妙高《みようこう》山」「斑尾《まだらお》山」の壮大な稜線《りようせん》を背景に、木造平屋の「小布施」駅はある。
隈　観光地として人気だと聞きましたが、駅前は閑散としていますね。

清野　小布施への観光客は、大型バスでがーっと乗りつけて、しばらく見物して、はい次、というのが一般的なんです。長野市の善光寺や、小布施に隣接する須坂市の須坂市動物園など近隣の名所と組み合わせて、宿泊は湯田中《ゆだなか》あたりの温泉、というパターン。大型観光バスの駐車場は駅前でなく、町の中心部にあるので、ここは日中でも人通りが少ないんです。

隈　僕が以前、小布施に来た時は車を使ったから、駅前の雰囲気は知りませんでした。ここだけ見ると、鄙《ひな》びた、ただの田舎町、という風情ですよね。

清野　駅前から町の中心部へは歩いて一〇分足らずの距離ですが、賑わいの落差はすごくあります。駅前のめぼしい施設は町役場、町立栗ガ丘小学校、町立図書館といった公共施設なので、基本的に住んでいる人しか用がないんです。

――駅前からゆるゆると歩く。栗ガ丘小学校、皇大《こうたい》神社の境内を経由して、地域幹線の国道四〇三号に出ると、「桜井甘精堂」「小布施堂」「竹風堂」と〝栗菓子御三家〟と呼ばれる店舗が連なる中心部に至る。

隈　小布施は栗で有名なんですよね。

清野　江戸時代から栗は有名で、将軍家に献上されるほどだったということです。

隈　駅からここまで、足元の舗装に木レンガを使っていますが、これも当然、栗の木ですよね。歩道とはいえ、道路というのはお役所が管轄するものでしょう。その舗装に木レンガというのは、融通が利かないことで有名な日本ではもちろんのこと、世界でも珍しい。

清野　栗の木レンガ舗装は、小布施まちづくりの象徴の一つです。木レンガは見た目には感じがすごくいいのですが、冬になると下の土が凍って、表面に凹凸ができる。歩行者はその凹凸につまずいて、転びやすい。となると、転んでケガをした時、誰が責任をとってくれるんだ、という話に日本ではなりがちなので。

隈　小布施では、そのせこいリスクをどうクリアしたのでしょうか。

清野　下にコンクリートを張れば土の膨張はおさえられるので、そのように解決しようと、住人と町が話し合いをしたそうです。

隈　責任問題になるから、と何もかもリジェクトするのではなく、工夫すれば乗り越えられることは、いくらでもあるんですよね。

清野　この木レンガに導かれた中心部の、さらに中心に位置するのが小布施堂と「桝一市村酒造場（以下、桝一）」の店舗群と、それに伴う蔵、工場、事務所、作業場、駐車場、住宅などです。小布施堂は明治期創業の老舗。その親会社である日本酒の蔵元、桝一は江戸期の創業で、二〇〇五年に二五〇周年を迎えました。現当主で両社の社長を務める市村次夫さんは、市村家の一七代目にあたります。

隈　桜井甘精堂や竹風堂も、日本の民家をベースにした、なかなかインパクトのある店でがんばっているけれど、小布施堂はさらに風格、品格のある造りですよね。競争があるというのは、この手のまちづくりの成功の条件だよね。湯布院だって「亀の井別荘」と「玉の湯」が張り合ったから、あのレベルにまでいったわけですし。ムラにライバルあり、競争あり、と（笑）。

「町並み修景事業」という頭脳パズル

清野　小布施堂を中心にした面積一万六五〇〇平方メートル（五〇〇〇坪）のエリアが、小布施まちづくりのコアになっています。ここを便宜的に「小布施堂界隈」と呼ぶことにします。小布施堂界隈を、ぐるりと回っていきましょう。起点は長野信用金庫小布施支店です。

隈　長野信金は小布施堂とは関係ないですよね。

清野　資本的にはまったく関係ありません。が、小布施堂界隈が今の姿に整った背景には、一九八〇年代前半に、ここに土地や家、店舗を持つ関係五者がスタートさせた「町並み修景事業*2」というプロジェクトがあります。長野信金と小布施堂はともにそのメンバーです。

隈　その五者とは誰だったんでしょうか。

清野　「小布施町（行政）」、「長野信用金庫小布施支店（民間・金融業）」、「小布施堂・桝一市村酒造場（民間・商業）」、「Iさん（個人宅）」、「Sさん（個人宅）」の五者です。七〇年代のこの界隈は、交通量の激しくなった国道四〇三号沿いに個人宅が面していて、そこのご家族が騒音や振動に悩む一方で、町が運営する「高井鴻山《こうざん》記念館」がほとんど国道に接していない目立たない場所にあって、観光客が素通りしてしまう、という不具合が生じていました。

隈　ふんふん。

清野　加えて、長野信金にはより広い駐車場が、小布施堂には存在感のある本店の新築と、工場の新設が必要になっていました。そこで、それぞれの地権者が抱える不便、課題をシャッフルし、そこから、店舗を国道沿いに、個人宅を道路から離れた静かな場所に、という再配置ができるのではないか。そんな発想が、いちばんの地主である市村次夫さんから出てきたんです。

隈　パズルのような。

清野　そう、頭脳ゲームですよね。ゲームはルールがないと成立しません。この時、発案者の市村さんが取り決めたルールというのが、またインテリジェントなものなんです。

隈　どういうものだったんでしょう。

清野　「昔からの建物を移築、曳《ひ》き家*3などで、極力活かす」「土地の売買は行わず、賃貸を基本とする」「新築が必要な場合は、再編によって生じる賃貸収入を新築費用にあてる」といったものです。

隈　それって一九八〇年代の初めですよね。同時期に日本各地で行われた「再開発」と、まったく逆張りの発想ですね。あのころは、とにかく古いものは壊して、新しいものをどんどん建てることがいいとされた。建物を新しく建てて私有する、という欲望をエンジンにして国土を再編成しようっていう「日本列島改造」の時代だったでしょう。そんな時代に、「移築」とか「曳き家」とかという言葉が、よく出てきたなあ。

清野　高度成長時代の流れでいうと、一区画全体を、お上なり、企業なり、とにかく力のある者が一括して地上げして、古い建物はすべて壊して〝モダンなハコモノ〟を建てて、建設業者がいちばん儲かる、という時代ですよね。

隈　今のグローバリズムの惨状に通じる、私有と新築を基本的なルールとする再開発への批評を、八〇年代に先取りしていたということには、率直に敬意を感じます。

清野　当時、地域の再開発をする時は、行政から補助金が出る「再開発事業組合」を地権者が立ち上げることが多かったのですが、ここではその手法も採用せず、「官・民・個人が対等に利害調整にあたる」というルールも貫きました。

隈　補助金って、ヒモつきになることでしょう。この、お上のヒモがまた、さまざまな規制と抱き合わせになって、全国一律の、つまらないくせにコストばかりがかかるハコモノ型再開発を生んだわけですから。

清野　と、前置きが長くなりましたが、長野信金から回っていきましょう。

共有駐車場の「轍の広場」

隈　そうでした。

清野　長野信金の隣、少し奥まったところにあるのが、高井鴻山記念館です。信金と記念館の間にある広い駐車場は、信金、記念館、小布施堂三者の共有駐車場です。

隈　この駐車場を作ったことで、高井鴻山記念館へのアプローチがよくなったということなんですね。なかなか賢いアーバンデザインで、プロがじっくり見ると、そのすごさが分かるようなシブい計画です。

清野　駐車場はもちろんコンクリートで舗装されているんですが、ただの舗装ではなく、そこに風紋を模した文様が描かれていて、車がない時でも殺風景になりません。

面白いことに、この駐車場スペースは、それぞれで呼び方が違うんですよ。長野信金はそのまま「駐車場」、町は「幟《のぼり》の広場」、小布施堂は「はたん場」、そして設計者の建築家、宮本忠長さんは「風のひろば」。「幟の広場」というのは、高井鴻山記念館にある古い幟にちなんで、「はたん場」というのは、地域の方言で「広場」を意味するそうです。

隈　それぞれの立場や思い、ニーズが出ていて面白い。そもそも公共スペースというものは、本質的な利害が一致しない、一くせも二くせもある連中が集まることで、初めて創出できるわけです。その利害の対立を乗り越える、巧妙な妥協のシステムが絶対に必要で、その点、スペースの呼び名を変えるっていうのは、うまいやり方ですね。こういう大人の妥協がないと、公共スペースなんて永遠に作れない。

足元がデコボコ、ぐねぐねの公共スペース

清野　共有駐車場の隣にあるのが小布施堂の本店、以下、市村邸の正門、桝一の店舗と蔵が国道四〇三号沿いに続きます。

隈　で、桝一の酒蔵の壁沿いに左折して、と。蔵の奥にあるレンガ造りの細長い煙突から

「小布施堂」本店

煙が出ている。煙が効いてるなあ。煙って図面に描けないからね。

清野　煙突からの煙は冬の風物詩です。酒造りをしている証《あかし》ですね。その酒蔵の延長に、寄り付き料理を出す飲食店の「蔵部」。*4 蔵部の前には「笹庭」といわれるオープンガーデンがぱあっと広がる。その向かい側にあるのが、観光客が目指す町の目玉施設「北斎館」*5 で、小布施で最も賑わう一角になります。

隈　この笹庭はずいぶん思い切った広さですが、公共の敷地なんですか。

清野　いえ、小布施堂が公共に開放している場所です。昔は私有地として塀に囲まれていたのですが、修景事業の時にそれを取り払ったんです。公共施設は、道路を挟んだ向こう側にある北斎館と、大型観光バスが停まる駐車場です。

隈　笹庭は舗装に砕いた石を使っていて、足元がものすごくデコボコしていますね。しかも敷地が平坦でなく、ぐねぐねしている。面白いけど、こういう仕上げは、道路に隣接した公共の敷地ではまず絶対に許されない。

清野　公共駐車場の、真っ平らなアスファルト舗装とは対照的ですね。で、笹庭の左手に小布施堂の栗菓子工場と事務所。笹庭の奥には、路地を挟んでイタリア料理店の「傘風楼」。傘風楼の足元から、小布施いちばんの名所「栗の小径」が始まります。

隈　栗の小径も文字通り、栗の木レンガが敷き詰められていますね。畦道ほどの道幅だから車は当然入ってこないし、ゆるい坂のカーブが眺めにめりはりをつけていますね。

清野　ここも笹庭と同じで、もとの地形を極力いじっていません。地形だけでなく、地割も昔のままなのだそうです。隈さんがおっしゃるようにもとは畦道で、脇にせせらぎが流れる側溝も通っています。春夏秋冬それぞれに風情がありますが、私はとりわけ、観光客が少ない真冬の夕暮れに、粉雪がはらはらと舞う眺めが好きです。

高井鴻山記念館から見た「栗の小径」

——栗の小径を進む。右手に傘風楼と、小布施堂が作業場に使っている建物の土壁。左手に小布施堂の工場「傘風舎」と高井鴻山記念館。小径に木造の建物が調和する。

清野　栗の小径の突き当たりは、修景事業の当事者の一人「Iさん」の個人宅です。Iさんの名前をここで明かすと、実は市村良三さんのことで、市村次夫さんと同じ年の従兄弟の方です。小布施堂・桝一の副社長を務めた後、二〇〇五年に小布施町長に就任し、現在二期目を務めています。じゃあ、ちょっと、この市村さん宅の庭を横切っていきましょう。

隈　えっ、人の家の庭先を？

清野　「ウェルカム・トゥ・マイ・ガーデン」という英語の看板が出ているでしょう。

隈　一応ありますね。

清野　小布施では住人の間に「オープンガーデン」の思想が根づいていて、この看板が掲げてあれば大丈夫なんです。見学者にはもちろん節度が求められますが、ここのお宅の庭も、しょっちゅう観光客が行き来しています。

隈　ガラス張りの縁側の真横を通ることになりますが、なんか、いいのかな？

清野　先代の市村公平さんが生きていらしたころは、通りすがりの観光客の方に茶菓をふるまったりしていたそうですよ。

隈　へえ。太っ腹。

――市村良三さんの家の庭を横切ると、スタート地点にした長野信金の脇の駐車場に戻る。庭を出たところに大きなくるみの木があり、その周囲は古い土蔵の土壁。

隈　ぐるっと回って一〇分もかからないくらいの界隈ですが、確かにものすごく凝縮されていました。

清野　その凝縮の背景に、小布施独自のまちづくりの方法論である「町並み修景事業」があります。修景とは読んで字のごとく〝景色、景観を修正する〟という意味から、関係者が作った造語です。そもそも、事業の発端となったのは、一九七六年に開館した町立美術館の北斎館でした。小布施は江戸時代に最晩年の葛飾北斎が逗留《とうりゅう》したところで、北斎のパトロンが土地いちばんの豪農・豪商だった高井鴻山*6だったんです。北斎は鴻山の庇護《ひご》のもとで肉筆の大作*7を残しました。北斎館のメインの展示は、その一つ、祭屋台の天井絵です。

隈　その時期って、地方では公営の美術館がまだ珍しかった時ですよね。

清野　少し後に、公立美術館ブームの代表とされる「山梨県立美術館*8」が甲府市に開館しています。小布施の北斎館は「田んぼの中の美術館」と新聞に揶揄《やゆ》されました。でも、同時期に小布施に残る北斎作品の真贋《しんがん》が美術界で論争になり、それでかえって話題を集めて、来館者が一気に増えたんです。そのころから、果樹農業が主体だった町は、観光収入という新たな財源を見込めるようになりました。

隈　そもそも、北斎館を設立したのは誰なんですか。

清野　当時の町長、市村郁夫さんです。

隈　市村さん、ということは？

清野　はい、市村郁夫さんは、市村次夫さんのお父さんです。ちなみに高井鴻山は市村次夫さんの五代前の市村家当主です。

隈　なるほど。由緒正しい。

清野　市村郁夫町長がその時、自らの片腕として起用したのが、同じ長野県出身の建築家、宮本忠長*9さんでした。北斎館を皮切りに、宮本さんは栗ガ丘小学校、小布施中学校、町立の美術館など、町の公共建築の修復や設計を一手に手がけることになりました。

隈　それは町並みの統一という点ですごく重要なことです。でも、よく実現しましたね。というのは、公共建築に一人の建築家を起用し続けると、日本ではすぐに「癒着だ」とか「利権だ」とか叩《たた》かれて、プロジェクト自体がつぶされたり、逆にちぐはぐな町並みができ上がったりしがちだから。

清野　当時もそういう声があがったそうですが、町長が「建築家というのは女房役なのであるから、亭主が女房を次々と取り替える方がよほど問題だ」と言って、自己の信念を貫いたそうです。

隈　建築家からしてみれば理想のクライアントですね。

清野　七九年暮れに市村郁夫さんが急逝され、息子の次夫さんが家業を継ぎます。頑固な昔気質だった郁夫さんは町長在任中、「私」には水を引かない方針を通し、家業は二の次だったので、小布施堂と桝一は存在感がとても薄くなっていたそうです。次夫さんにはまず、その立て直しが突きつけられました。

前に話したように、小布施堂の周りでは、時代の変化とともに、長野信金、町、小布施堂、個人宅がそれぞれに不便で、快適性を失った配置になっていて、そんなことも背景にしながら、界隈全体を再配置する修景のプランが出てきたというわけです。

隈　僕は修景事業を推進した市村次夫さんのモチベーションに興味があります。何が彼をそうさせてしまったのか（笑）。

清野　そのあたりを、隈さんから市村さんに聞いていただきましょう。

「ゾーニング」への異議申し立てを行った「修景事業」

隈　市村さんは小布施堂・桝一を継がれる前はサラリーマンだったとうかがいましたが。

市村　一九七一年に東京の大学を出て、信越化学工業という企業に就職しました。自分としては、そのままサラリーマンを続けていくつもりでしたが、親父が急逝したことで、人生が変わりました。

隈　右肩上がりの真っ最中だった七〇年代だったら、企業勤めは魅力的だったでしょう。

市村　まあまあでしたね。ただ、帰郷については、正直に言うと複雑な心境でした。三〇歳を過ぎたばかりで町に帰ってきた時、東京帰りの若造に何ができるのか、という周囲からのプレッシャーも、ひしと感じました。ただ、私にとって心強かったのは、同い年の従兄弟である市村良三さんが、やはり東京でのサラリーマン生活を辞めて、四年前に帰郷していたことでした。私たちは同じ敷地内で育って、小学校から大学まで同じ学校に学んだという縁がありました。古ぼけた蔵があちこちに残る故郷を見て、「見ろよ、オレたちの前にフロンティアがごろごろ転がっているぞ」と、二人で強がっていました(笑)。

隈　修景事業とは、東京の言葉でいうと「再開発」だと思うのですが、東京の方法論とことごとく反対のやり方を発想したのは、どういうことだったんですか。

市村　私はサラリーマン時代に、石油化学コンビナートで有名な茨城県の鹿島に赴任した時期がありました。高度成長時代の、一つの象徴的な場所です。でも、そこで見た光景が忘れられませんでした。鹿島では工業用地として農家の土地が根こそぎ買収され、農家に莫大な補償金が渡ったんです。そういったお金を、人はバクチなどであっという間にスッてしまう。後に残されたのは、地域の絆が分断されて荒廃した農村の風景と、身を持ち崩した人々。殺伐としたありさまを見て、どうもお上や企業の論理というものは信用してはいけないないな、と。

隈　「再開発」というものに対して、根源的な疑問を持たれたんですね。

市村　同時に私は「民」とか「市民」とかいうものにも懐疑的になりましてね。我ながらアマノジャクなんですが（笑）。たとえば、いくら胸の内で地域の惨状に胸を痛めていても、地元の人から見れば、私は立派な企業側のヤツですよね。そうなると、彼らと何かを話し合うにしても、最初から「加害者」です。でも、そういう単純な二極対立から何かを解決することはできません。土地の人が自分たちを「被害者」と位置づけて補償金とかを言い募る場面に接すると、こういうやり方では何も生み出せないな、と暗い気持ちになりました。

隈　市村さんはアマノジャクというより、理想主義者なんでしょう。

市村　そうなのかもしれません。ともかく、そういう経験から、小布施では「加害者」も「被害者」も作らないし、また自分自身、「加害者」でもなく「被害者」でもなく生きていこう、と思ったことは確かです。

隈　修景事業の設計・監修に宮本忠長さんを起用されたのは、先代からのご縁ということだったんですか。

市村　そうです。宮本先生は隣町の須坂市のご出身でしたので「なんで地元ではなく、ライバルの小布施なんかに一生懸命になるんだ」と、ずいぶん批判されたそうですが(笑)。宮本先生というパートナーがいなければ、修景事業も空中分解を起こしていたと思います。

隈　やはり建築家は新築で食べていく、という現実があります。曳き家とか、古民家再生とかのデザインは、手間ばっかかり何倍もかかって経済的なメリットが薄くなりますから、そのあたりも同じ思いのある方でないと難しかったでしょうね。

市村　その意味で、私の親父が宮本先生と対等な仕事関係を築いてくれていたことは大きかったです。行政というのは、ともすれば建築家を「業者扱い」にしがちでしょう。それはひどく浅薄な考えだと、私も思っていましたので。

隈　普通は「業者」とみなされ、時々「先生」なんてたてまつられますが、どっちもすごく居心地が悪いです。対等にずけずけと話してくれるのがいちばんなんですけどね。

市村　それと、鹿島赴任時代のトラウマなのか、私には「ゾーニング」への憎悪も強くありまして。

隈　ゾーニングは、二〇世紀型工業社会にフィットする都市を作るために、二〇世紀のアメリカで発明された、縦割り型都市計画です。工場や商業ビルはうるさいから、静かな住宅地とは区分しようというのが、その基本姿勢で、商業、工業、住宅などそれぞれのゾーンに合わせて、高さ制限や容積率や建ぺい率を決めるというものですが、これはいうまでもなく二〇世紀アメリカの特殊なルールで、普遍性なんてまったくない。なのに日本を含め、世界中がこれを真似しちゃったんですね。

市村　公害が発生するような大規模工業団地はまた話が別になりますが、本来、町というものは、商店も工場も個人宅も雑多に混じり合って共存しているものです。とりわけ小布施ぐらいの規模で、しかも工場といっても栗菓子の製造工場ならば、町中にあってこそ、人の行き来や交流も活発になるはずです。修景事業の前段階では、まず自社工場を新築で作ろう、と決めて宮本先生にお願いしました。宮本先生には、工場にこんなにお金をかけていいんですか、と心配されたのですが。

隈　本来は逆で、クライアントが心配するんですけど（笑）。それにしても、市村さんはなぜ、そういう発想ができたのですか。まちづくりのモデルはあったのですか。

市村　私にとっては湯布院のまちおこしが大変刺激になっていましたね。湯布院のリーダーだった中谷健太郎[*10]さんが書かれた『たすきがけの湯布院』という本が当時の愛読書で、今でも本棚に大事にとっておいてあります。といっても、湯布院のまちづくりをそのままモデルにしたわけではないんです。小布施の条件は、観光資源をはじめ、いろいろなものが湯布院の豊かさとは比べようもありません。こっちはこっちで独自の方法を探らねばなりませんでした。

隈　小布施のよさを、どう発見しましたか。

市村　小布施には江戸時代に天領だったところもありますが、そんな大仰なものでなく、いってみれば時代の権益とか利権とかからはずれた「あまり天領」だったんですよ。同じ北信州でも、松代町（長野市）は松代藩の城下町で由緒があるけれど、小布施は背負う栄光もプライドもない。たいした歴史もないから、すごい建物があるわけでもない、と。

隈　その、「あまり天領」って、いいスタンスですね。「あまりものには福がある」なんて感じで（笑）。

市村　でしょう。過去から自由だから、修景事業なんていう、一種、無茶苦茶な発想も生まれたんだと思います。

隈　とはいえ、江戸末期には高井鴻山という、面白い人物が登場していますよね。鴻山は市村さんの五代前の先祖とうかがっています。

市村　北斎より四〇歳あまりも年下でしたが、鴻山が北斎を「先生」、北斎が鴻山を「旦那さま」と呼び、友情のようなものがあったようです。ある時、北斎と鴻山が、刃物を使って髪の毛一本を縦に切れるかを競い合ったそうです。鴻山が二分の一に切って得意になっていると、九〇歳近かった北斎がさらにその半分の四分の一にして鴻山を凌《しの》いだ、というエピソードも家に伝わっています。

隈　へえ。目がよかったんだ。

市村　鴻山は江戸や京都に遊学を果たし、大塩平八郎や佐久間象山、あるいは公家の九条家ら、幕末の人物たちとも複雑な交流を結んだ人です。表面の顔は多彩ですが、本質は孤独な変わり者だったと思います。ただ、進取の気質に富んだ人だったことは確かです。

隈 その、進取の気質、というのは小布施のDNAかな。

市村 私にしてみれば、孤独な変わり者、という共通点の方が身に迫りますが（笑）。

ハイレベルのシティボーイが町を「遊ぶ」と……

清野 市村さんとお話しして、何を思われましたか。

隈 一言でいってシティボーイ、それも、ものすごいハイレベルのいかしたシティボーイが、たまたまこの田舎にいた、と思いました。

清野 市村さんがされていることを見ると、たとえば蔵元や織物産業のような、日本の伝統産業の世界におられる「旦那」というイメージが、まず浮かびます。「旦那」というのは、昔からその地域の経済と文化を支える役でしょう。

隈 文化人や芸術家を庇護する「旦那」はその通りなんだけど、それよりも、もっと鋭い感じがします。僕は、シティボーイというのは、「目」だと思うんですよ。

清野 「目」?

隈 小布施には、先人たちの生活があり、江戸時代の土蔵や土壁が残り、昭和初期のロマンチックなチャペル(新生病院内)があり、有名な栗菓子屋さんが何軒かあり、と、観光客にウケる要素があるけれど、でも、それだけでは僕たちがいうところの「ムラ」にはならない。だって僕たちは、「最先端の感性とネットワークが集まる磁場」を「ムラ」と定義して、ハンティングしているわけだから。

清野 その通りです。

隈 その意味では、小布施堂・桝一が「界隈」を作り上げることで実現している建築的な感性が、小布施の「ムラ」性を決定づけている。この場合「界隈」というのが、決定的に重要なんです。いくら存在感があったとしても、単体の店舗では実現できない。

清野 その意味で、小布施堂・桝一は、まさしく店ではなく界隈を作り上げたのだと思います。その感性をして、隈さんは「目」と表現するわけですか。

隈 そうですね。「目」というものは「思想」につながります。小布施堂本店の店舗を見ると、市村さんが商売ではない、別なものを基準にして生きているのが分かります。目が違うところを見ている感じでしょう（笑）。

清野　少し抽象的な話になりましたね。商売でない別のもの……。「思想」というと、さらに抽象的になるので、それは一つに「遊び心」と、とらえてもいいでしょうか。たとえば、小布施堂本店の建物を高井鴻山記念館の側から見ると、壁の上の方に横格子のモチーフがあしらわれているんです。

隈　イギリスのマッキントッシュの椅子[*11]のモチーフね。もちろん無断でしょ。

清野　無断というか、何というか、あれ、分かる人には分かるそうで。あるいは栗が三つ並んでいる小布施堂のマークは、戦後のデザイン界の重鎮、原弘《ひろむ》[*12]さんに依頼されたそうです。

隈　どんな経営者でも、どこかで遊び、何かを選んでいるわけですが、「どのように遊ぶか」「何を選ぶか」、そういうところに、シティボーイの「目」というのが出るんです。市村さんはその「目」と「センス」がすごくあったし、原弘に頼みにいくぐらいに物怖《ものお》じしない人でもあった。

男の絆に女性が加わって、新たな展開が生まれる

清野　そんな「目」を実務面で二〇年以上支え続けたのが良三さんでした。このお二人の関係をうかがうと、隈さんと『新・都市論TOKYO』で歩いた代官山を、私は思い出します。

隈　ああ、「ヒルサイドテラス」の大家さんの、朝倉さんご兄弟ですね。お坊ちゃまたちのまちづくり、という点で、確かに共通点がありますね。

清野　お坊ちゃまたちのまちづくりについて隈さんは、「特別な条件が幾重にも重なり合って初めて実現できるもので、東京では代官山以外には敷衍《ふえん》できない」と断じておられましたが、小布施はかなりそれに近いのではないでしょうか。

隈　小布施は東京ではないけれど、例外的にそうかもしれません。男性の二人組がいて、一人が理想を、もう一人が現実を担当する。センスと経済を合体させるという行為は、建築にしても、まちづくりにしても、ものすごく微妙で難しいバランスですから、二人の間に「あ、うん」で共通するものがないとできない。その点、同じ家とか敷地内で育った兄

弟とか従兄弟だと、可能性が高まりますよね。こう言うと語弊があるけれど、男同士の連帯というか、一種、ゲイ的な絆が必要になる。

清野　なんか、また飛躍が。まあ、分からなくはないですが。

隈　僕の建築設計事務所なんかでも、ゲイ的な絆で運営されているな、と思うことがありますよ。もちろん女性も活躍していますし、あくまでも精神論としての話ですが。ただ、ゲイ的なテンションって、永続させるのは難しいんですよね。どこかで必ず行き詰まりがくる。センスと経済のバランスが、一時、奇跡的に得られたとしても、男同士はいずれ、そのバランスに耐えられなくなる。

清野　どうしてでしょう？

隈　やっぱり子供が作れないからかな。でも、ゲイは子供を作れないけど、「町」という名の子供を作る。それって、ちょっとほのぼのする、いい話じゃないですか？

清野　……よく分かりません。でしたら、まちづくりにおいて、男性同士が行き詰まった次は、女性の登場が意味を持つようになるのでしょうか。高円寺の章の最後でも、隈さんは閉塞状況を打開するキーワードとして「女性性」、もしくは「女性的」という言葉を出しておられましたね。

隈　そうですね。ゲイ的な世界が今度は女性に受け継がれて、質を変えて発展していく。そういう展開しかないと思います。

清野　確かに、小布施ではまさしくそれが起こりました。八〇年代前半から始まった修景事業が一段落し、まちづくりが踊り場にきていた九〇年代に、アメリカ人女性のセーラ・マリ・カミングス[*13]さんが小布施にやってくるんです。

隈　清野さんが書いた『セーラが町にやってきた』に詳しいけれど、大旋風を巻き起こしたんですよね。

清野　はい。日本好きで、ペンシルベニア州立大学時代に一年間、交換留学生として関西に在住したセーラさんは、一九九三年に再来日し、九四年に小布施堂・桝一に就職します。長野五輪が開かれた九八年には、イギリス選手団を小布施に招聘《しょうへい》してアン王女主催の激励会パーティを仕切ったり、小布施に「第三回国際北斎会議」を誘致したりと、語学と行動力を生かした活躍を始めますが、とりわけ大きな仕事は、廃業寸前だった日本酒の蔵元、桝一を再構築したことでした。

「台風娘」、村の共同体をかき回す

清野　日本全国から古い蔵元が消えていく時代でしたが、セーラさんは桝一の古い店舗を斬新な空間に改築したり、使われていなかった蔵に和食レストラン「蔵部」を開店させたり、酒造りに昔ながらの木桶《きおけ》仕込みを復活させたりと、攻めのリノベーションを繰り出しました。周囲のコンセンサスとは関係なく、自らハンマーを持って壁を叩き壊す、ということで、ついたあだ名が「台風娘」。もちろん社内では摩擦もたくさん起こったのですが、結果的に市村次夫さん、良三さんが手をつけられないでいた事業領域を開拓し、界隈にまた新しい命を吹き込んだのです。

隈　そのセーラさんが仕切るイベント「小布施ッション」に、僕もゲストスピーカーとして呼ばれたんだけど、食事もうまいし、酒もうまいし、あんなに楽しい講演会はめったにないと思いました（笑）。

清野　ソフトウエアだけでなく、ハードウエアの面でも、彼女は小布施堂・桝一に転換をもたらしました。その端的な例が、蔵部や新しい桝一の店舗設計に、香港在住のアメリカ人デザイナー、ジョン・モーフォード[*14]さんを起用したことです。モーフォードさんは、東京・西新宿にある「パークハイアット東京」の内装で名高い〝グローバル派〟ですが、隈さんは、彼の起用によって小布施堂界隈はどのように変わったと思われますか。

隈　ジョン・モーフォードって、マッチョな二〇世紀型アメリカ文明に嫌気がさして、香港に逃げた繊細なアメリカ人だから。行動力のあるヤンキー娘と、繊細なアメリカ男が組んで、二〇世紀アメリカ文明のアンチテーゼを日本の小さな町で作る、というストーリーはできすぎですよね。

清野　それ以前の、宮本忠長トーンからモーフォード・トーンへの転換は正解だったと思われますか。

隈　少し専門的なことを言いますと、宮本忠長という建築家のトーンは、「ナショナル・ロマンチシズム」に拠っているんですね。ナショナル・ロマンチシズムは、二〇世紀前半に活躍したスウェーデンのラグナル・エストベリや、フィンランドのエリエル・サーリネンという建築家が代表選手で、ストックホルム市庁舎（スウェーデン）や、ヘルシンキ中央駅（フィンランド）が建築としては有名です。

清野　ストックホルム市庁舎はノーベル賞の授賞式後の晩餐会《ばんさんかい》を行う場所ですよね。

隈　あれは一九二三年にできたのに、奇妙に中世風なところがあって、不思議に魅力的な建物なんです。当時は、ル・コルビュジエやミース・ファン・デル・ローエに代表されるモダニズムが世界中に広まっていた時期でしたが、ナショナル・ロマンチシズムの提唱者は、それぞれの場所、地域に徹底的にこだわり、世界を均一化しようとするモダニズムの動きに反旗を翻しました。日本でも、丹下健三を代表とする東大の連中はみな、モダニズムに傾斜していったのですが、反骨精神の早稲田は、佐藤武夫や村野藤吾ら、ナショナル・ロマンチシズムのシンパが多かった。早稲田出身の宮本さんは、佐藤武夫の事務所で修業した人で、まさに日本におけるナショナル・ロマンチシズムの嫡子といっていい。その宮本さんが小布施という地域と深く関わったのは、これもまたできすぎの話ですね。

清野　蔵部や桝一本店の新店舗に続いて、二〇〇七年には「桝一客殿」という一二部屋のエクスクルーシブなホテルが開業し、小布施堂界隈は二一世紀の変わり目にモーフォードトーンに塗り替えられた感があります。宮本さんのナショナル・ロマンチシズムに対して、モーフォードの様式とは何と呼ばれるものなんでしょう?

「桝一客殿」

隈　一九世紀から二〇世紀にかけての工業化に対するアンチテーゼが「ナショナル・ロマンチシズム」であったとしたら、二〇世紀末から二一世紀にかけてのIT化へのアンチテーゼ・デザインを、「グローカル・オリエンタリズム」と呼びたい誘惑に僕はかられます。ナショナルなものはすぐさまファシズムに陥りやすいという二〇世紀の教訓のもとに、第二次世界大戦以降の世代は、ナショナリズム的デザインとは別の途を探さなければならなくなった。だから、ナショナルな単位よりもっと小さなローカルなものを、脱色し、アク抜きして世界に発信可能なほどに洗練させる、というスタイルが出てきたわけです。そしてその次に、アク抜きをせず、ローカルでナマなものを守り続けることができるか、という難問が、われわれの前に立ちはだかっています。

清野　「オリエンタリズム」の所以《ゆえん》は？

隈　西洋中心から中国中心へと、世界の構造が動きつつある状況を察知したゆえ、ですね。もちろんそれは、アジア的なローカリティがデザインの中心に躍り出てきたからだけど、同時に、ここでいうオリエンタリズムには、エドワード・サイード＊15いうところの植民地主義の別名としてのオリエンタリズム、すなわちアジアをネタに一儲けしているくせに、自分はアジアファン、アジアの味方だと無神経に信じ切っている植民地主義の傲慢《ごうまん》がひそんでいることも見落としてはだめです。

清野　話が難しいけれど、分かるような気はします。ボクって女性にやさしくって、だからモテるんだよね、と自分語りをしてくるオトコのようなことですね。

隈　しかもこの新しい植民地主義の主役は、西洋人とアジア人の混成部隊でもあって、多くの場合、アジアの金持ちがひねくれた西洋人デザイナーを使う、という逆転が起きていて、いよいよ事態をややこしくしている。泥臭すぎるローカルデザインのアク抜き漂白のために西洋人のフィルターを利用するという巧妙な戦略です。

ですから、正直に言いますと、モーフォードの設計は少しキレイすぎる感じがします。アメリカ人って、アンチアメリカをやっても、やっぱりアメリカ的衛生主義からは、なかなか抜け出せない。モーフォードはアク抜きしすぎ、って感じかな。僕的に言うと、もっとキタなくやってほしかった。

清野　高円寺の章でも出ましたが、今、隈さんは「下流化」しているそうですからね。この「下流化」の醍醐味《だいごみ》は、アメリカ人にはなかなか通じない感性なのではないでしょうか。

隈　「下流化」を楽しめない人に「ムラ」は作れないでしょう。どんなにクリエイティブに作っても、どうしても衛生的、階級的になる。

清野　セーラさんは桝一の新しい看板や、木桶で仕込んだ新銘柄の酒「白金《はっきん》」のボトルデザインに、原研哉[*16]さんを起用しました。

隈　そのあたりの選択も、すごい「上流」ですよね。モーフォードの起用によって、小布施堂界隈はジャパニーズ・ローカルの上流から、グローバルな上流に通じるクオリティを得たと思います。でも、それによって界隈が孤立感を深めたようにも、僕には見えます。宮本さんは、小布施の町場に近代建築を実現しました。つまり、七〇年代から八〇年代にかけて、小布施のもともとのアイデンティティである「農村」と「町場」が、いったん分断されたわけだけど、モーフォードのデザインはさらにその隔絶を進めた感がある。だからなのか、僕が見た次夫さんも、良三さんも、背中は何だか淋しそうでしたよ。

清野　「ムラ」がクオリティを獲得すること自体が本来とても難しい課題ですが、そのクオリティを得たら得たで、今度は農村との隔絶が問題となる。あるいは個人としての淋しさは永遠に解決しない。課題は際限がないですね。

隈　人が新たに生きる場を作ろうと欲する限り、課題はどんどん更新していきます。ともあれ、二〇世紀の終わりになって、小布施という町にセーラさんという、さらなる「異人」が入ってきて、衛生的オリエンタリズムで突き抜けた、というのは面白い話ですよね。

清野　「異人」の効用というものは?

隈　どんなに開明的な人材がいても、まちづくりというものはやがて、地元のセンスで閉じてしまいがちなんです。それが閉じないためには、その途上で第三者の視点が絶対に必要になります。セーラさんはまさしくその第三者であった。しかも女性であり、さらにアメリカ人というグローバルな視点を持って、まちづくりの現状を検証することができた。彼女は検証しただけでなく、実際にいらないものを壊し、必要なものを新たに作ってしまいましたからね。

清野　セーラさんに関して特筆すべきは、彼女にとって新たなものとは、日本に伝わる昔ながらの職人仕事や製法だった、ということです。「ここは古くなっているから、コンクリートのビルに建て直しましょう」というのではなく、「古い建物を移築しましょう」「その屋根に葺《ふ》く瓦《かわら》をみんなで焼きましょう」と、絶滅寸前の日本の職人仕事にこそ、二一世紀的な回転原理、つまりムラで人々が生き延びる途がある、と直感したことです。これは、二〇世紀的な便利さに馴らされてしまっていた日本人には、なかなかできないことでした。

隈　その二〇世紀的な便利さというのは、そもそもアメリカから来たものでしょう。それを引っくり返すのもまたアメリカ人、ってところに皮肉がありますよね。アメリカの底力かな（笑）。

まちづくりはK-1ファイトの場へ

清野　セーラさんは一九九八年に桝一の取締役に就任し、またマスメディアでの知名度も得て、社内でも町でも存在感を増していきました。その動きと交差するように、二〇〇五年に副社長の市村良三さんが小布施町長に選出され、会社の業務一切から離れます。そういう流れを振り返ると、まちづくりには〝生命〟がうねっているんだな、と思います。

隈　男性二人＋女性一人という三角バランスは魅惑的なんだけど、やっぱり、なかなか成り立たないんですよね。ほら、フランス映画なんかでも、そういう関係がよく描かれるけど、最後は破綻するでしょう。

清野　そこが物語なわけですからね。

隈　民間サイドのリーダーの一人だった良三さんが、私から公へと居場所を転換するなんて、映画でもなかなかありえないドンデン返しが小布施では起きた。こういうところが、小布施から僕が目を離せない理由の一つです。まちづくりの過程で、摩擦は大きかったはずですが、その摩擦こそ、「村」が「ムラ」に脱皮する時の必然的な痛みなんです。痛みのない成長はないですから。

清野　良三さんの町長就任で、小布施にはまた新しい空間デザインの潮流ができました。たとえば、花を主体にした公共施設「フローラルガーデンおぶせ」のレストランのデザインに起用されたのが、九州新幹線「つばめ」の車両デザインで知られる水戸岡鋭治[17]さん。樹木をたくさん配置した町立駐車場の設計監修に、東京理科大教授の川向《かわむかい》正人[18]さん。中でも大きな事件が、二〇〇七年に行われた「小布施町立図書館」の設計コンペです。

隈　それ、僕も参加したんですよね。

清野　そう、小布施という小さな町の、床面積一〇〇〇平方メートルの建物のコンペに応募したのは、隈さん、伊東豊雄[19]さん、古谷誠章《のぶあき》[20]さんら、名だたる建築家や設計事務所などを含む一六六者。あと一人、有名外国人建築家がいたら、国際級コンペといってもいいほどハイレベルなものだったと聞いています。

隈　僕ら建築家にとって、町の図書館というテーマはとても魅力的なんです。地方であろうが、都会であろうが、日本であろうが、外国であろうが、それは関係ない。

清野　第一次審査を通った五者によるプレゼンテーションが、町民や建築の専門家、学生

「まちとしょテラソ」

など参加できる公開の形で行われた、というのも新しい試みでした。その結果、起用されたのは同じ長野県で「茅野市民館」の実績があった古谷誠章さん。図書館は二〇〇九年に「まちとしょテラソ」の愛称で、栗ガ丘小学校の隣に完成しました。コンペティターだった隈さんを前にして何ですが、明るく、軽やかな図書館の誕生です。

隈　建築家というのはＫ－１ファイターみたいなものだから、あるリングで勝負がついたら、じゃ次、と気持ちがすぐに切り替わるものなんです。自分の案が採用されなかったのは残念ではあるけれど、遺恨を残す、ということはありませんから。

清野　建築家とは「K－1ファイターのような存在である」[*21]とは、伊東豊雄さんもおっしゃっておられますね。でしたら、隈さんにとって、小布施というリングはどういうものですか。

隈　現在の小布施は、水戸岡鋭治さんも含めて、まちづくり系デザイナーとして、めぼしい人が出揃っている感がある。そういうリングで闘うことは面白いですよ。まちづくり、まちおこしは今、革命から格闘技へと変化しているところですよね。レフェリーは一人のプロではなく、多数のファンが務めるようになっていて、衆人環視の中でエンタテイメントとしての闘いが期待されるようになっている。その先端的な流れが小布施にはある。いってみれば、市民がいち早くK－1の観客になった。それが小布施の特徴なのだと思います。

清野　小布施堂界隈の凝縮された町並みとは、K－1リングへのアプローチだった、と。すごい展開です。

隈　バトルにしろ、何にしろ、建築や空間を観客として楽しむには教養が必要です。この界隈の質的変化を、時間を追って目にしてきた住民には、建築や空間、町並みに対する基礎教養が自然と与えられた。それは確かなことでしょう。

清野　男同士の連帯から、女性の登場による変奏的展開、そして格闘技、と隈さんの論は相変わらず面白いですが、では、当初の定義「多様な生き方と選択肢のよりどころであるところのムラ」として、小布施はいかがでしょうか。

隈　たとえば、小布施町立図書館の館長さんは、福岡生まれで長く東京で仕事をしていた人だと聞いています。彼に限らず、よそから家族と一緒にここに移り住んできた、という人がすでにたくさんいるじゃないですか。清野さんだって小布施に通っているわけでしょう。

清野　その通りですね。

隈　「多様な生き方と選択肢のよりどころ」ということを、小布施はすでにクリアしていますよ。

清野　その場合、重要だったことは？

隈　市村次夫さんが、ただのシティボーイじゃなかった、ということに、結局は尽きます。だって、市村さんがこの町で行ってきたこと、今行っていることは、遊びではなく「思想闘争」ですから。

清野　市村さんは、隈さんのインタビューの中で、自分を「孤独な変わり者」と言っておられましたね。

隈　思想闘争は、孤独な変わり者でないとできないですよ。地域の中で、孤独で変わり者であるって、日本人にとって最も難しいことです。そういう姿勢を貫ける人を一人、持てるか否かで、ムラの可能性は大きく変わってきます。だって、シティボーイはいくらでもいるけど、思想を持ったシティボーイは、そんなにたくさんはいないから。

清野　市村さんはまちづくりにおいて、自分は加害者でも被害者でもない立場にいたい、とも、言っておられましたね。

隈　その言葉に僕は感動しました。自分を被害者だと思っている人は、思想家にはなれません。すべての人間は加害者であり、被害者でもある。同じように、都市は加害者であり、被害者でもあり、また、農村も加害者であり、被害者でもある。そんな平衡感に立脚してこそ、思想が力を持ち、行動が人々を巻き込んでいけるんです。たとえば湯布院のまちづくりの原動力になった中谷健太郎さん、溝口薫平[*22]さんも、そういう存在でした。だから、シティボーイと思想という、一見、矛盾するものを合わせ持った人がいるかいないかが、まちおこしの鍵ですよね。

清野　それは地方に限らず、都市においても大きな課題ですね。むしろ東京にこそ、そういう人がもっといていいはずなのに。

隈　お金持ちになって六本木ヒルズに住んだらアガリ、で終わっている限り、東京に未来はないですよ。その意味でも、ムラに未来あり、だと思う。

注1　セーラ・マリ・カミングスさんのスリリングな評伝　『セーラが町にやってきた』清野由美著（プレジデント社、二〇〇二年／日経ビジネス人文庫、〇九年）

注2　町並み修景事業　一九八二年に小布施堂界隈でスタートした地域再構築事業。敷地を所有、賃貸する関係五者が「再開発」ではない方法論を探った時に、「景観を修理、修復する」という意味で生み出したのが「修景」という造語。現在では地域開発の用語として一般的に使われるようになったが、オリジナルは小布施にある。

注3　曳き家　建物を解体せず、原形を保ちながら別の場所に移す土木手法。

注4　寄り付き料理　酒造りに携わる蔵人たちが「寄り付き」と呼ばれる休憩所で食べる日常的な料理。旬の素材、シンプルな調理法が原則。

注5　北斎館　小布施ゆかりの葛飾北斎作品を散逸させないことを目的に、一九七六年に開館。晩年の肉筆天井絵を嵌め込んだ祭屋台など当初からの収蔵品に、「肉筆画帖」「菊図」など国内外の肉筆画、読本などの版本、版画も加わり、北斎の肉筆画の所蔵点数においては世界でも有数の美術館となっている。

注6　高井鴻山　一八〇六（文化三）年生まれ。市村家第一二代当主で、小布施の豪農・豪商として知られた。江戸や京都に遊学経験を持ち、陽明学をはじめとする学問や、書画などの趣味の世界に明るく、晩年の葛飾北斎が小布施に滞在した時のパトロン役を務めた。八三（明治一六）年没。

注7　北斎の肉筆の大作　上町祭屋台の天井絵「浪図（女浪）」「浪図（男浪）」、東町祭屋台の天井絵「龍図」「鳳凰図《ほうおう》」が、北斎館に収蔵されている。また、曹洞宗の寺院、岩松院の本堂天井に「鳳凰図」が残されている。これらは北斎が八〇歳代の時の作品とされている。

注8　山梨県立美術館　一九七八年開館。開館に際して、ミレーの「種をまく人」「夕暮れに羊を連れ帰る羊飼い」他、三作品を高額で購入して話題になった。

注9　宮本忠長　一九二七（昭和二）年長野県生まれ。五一年、早稲田大学理工学部を卒業後、佐藤武夫設計事務所に勤務。後に帰郷して家業の設計事務所を継ぎ、宮本忠長建築設計事務所と改組。八二年、小布施町の修景事業では八七年に吉田五十八賞、九一年に毎日芸術賞を受賞。代表作に、長野市立博物館（長野県長野市）、松本市美術館（長野県松本市）など。

注10　中谷健太郎　一九三四（昭和九）年大分県生まれ。明治大学卒業後、東宝撮影所で映画助監督を

務める。六二年に帰郷し、家業の旅館「亀の井別荘」を継ぐ。以後、独自のまちづくりで湯布院の名を全国に広めた。『たすきがけの湯布院』は、八三年にアドバンス大分より刊行（二〇〇六年にふきのとう書房より新版を刊行）。

注11　マッキントッシュの椅子　イギリス・グラスゴー出身の建築家、チャールズ・レニー・マッキントッシュ（一八六八―一九二八）がデザインした椅子、ヒルハウス・ラダーバック・チェアは、梯子《はしご》のような高い背もたれで有名。マッキントッシュは、一九世紀末にイギリスで起こったデザイン・ムーブメント「アーツ・アンド・クラフツ運動」のグラスゴーでの旗振役として知られる。

注12　原弘　一九〇三（明治三六）年長野県生まれ。昭和期の代表的なグラフィック・デザイナーの一人。五九年、亀倉雄策らデザイナーや写真家らとともに、広告デザイン会社「日本デザインセンター」を設立、日本のデザイン界を牽引《けんいん》した。八六年没。

注13　セーラ・マリ・カミングス　一九六八年アメリカ・ペンシルベニア州生まれ。九四年に小布施堂・桝一市村酒造場に入社。まちおこしへの取り組みと同時に酒造場の再構築にも着手し、小布施町と会社双方の知名度アップに貢献する。二〇〇六年、同社代表取締役に就任。〇八年、地域づくり総務大臣表彰で個人表彰を受ける。

注14　ジョン・モーフォード　代表的な仕事に、グランドハイアット香港（中国・香港）、パークハイアット東京（東京都新宿区）の内装デザインがある。小布施堂界隈では、蔵部や桝一市村酒造場の店舗の他に、桝一客殿（ゲストハウス）、傘風楼（イタリアンレストラン）、鬼場（バー）を手がけている。

注15　エドワード・サイード　一九三五年エルサレム生まれ。批評家、思想家。キリスト教徒のパレス

チナ人の家庭に育ち、アメリカで高等教育を受ける。七八年の著作『オリエンタリズム』において、西洋人の抱くオリエンタリズムが、西洋の植民地主義や人種差別などに結びついたものであり、現代の欧米の中東政策やパレスチナ問題にも影響を与えているものとして批判した。二〇〇三年没。

注16　原研哉　一九五八年岡山県生まれ。グラフィック・デザイナー。武蔵野美術大学教授。日本デザインセンター代表取締役。現代日本のデザイン界を代表する存在として、プロデュースも含めたデザイン活動を幅広く展開。長野冬季五輪開・閉会式プログラム、松屋銀座リニューアル計画（二〇〇一年完成）などを手がけ、「無印良品」のアドバイザリーボードメンバーも務める。

注17　水戸岡鋭治　一九四七年岡山県生まれ。デザイナー、イラストレーター。七二年、ドーンデザイン研究所を設立。JR九州の鉄道車両「つばめ」「ソニック」「かもめ」などで鉄道界の世界的な賞、ブルネル賞を受賞。その他、岡山電気軌道の路面電車「MOMO」のデザインを担当。小布施町、岡山県のまちづくりプロジェクトにも参画している。

注18　川向正人　一九五〇年香川県生まれ。東京理科大学理工学部教授。専門は建築史、建築論。東京大学工学部卒業。オーストリアへの留学を経て、東大大学院博士課程修了。二〇〇五年に小布施町役場に設けられた、東京理科大学・小布施町まちづくり研究所の所長も務める。

注19　伊東豊雄　一九四一（昭和一六）年ソウル生まれ。東京大学工学部卒業後、菊竹清訓建築設計事務所勤務を経て七一年に独立、七九年に伊東豊雄建築設計事務所と改称。代表作は、日本建築学会賞作品賞を受賞した自邸のシルバーハット（東京都中野区）やせんだいメディアテーク（宮城県仙台市）、まつもと市民芸術館（長野県松本市）、TOD'S表参道ビル（東京都渋谷区）など。現代日本を代表

するアトリエ派建築家の一人として、世界的な評価を得ている。

注20　古谷誠章　一九五五年東京都生まれ。早稲田大学創造理工学部教授。九四年にスタジオナスカ（現・NASCA）設立。代表作に、香美市立やなせたかし記念館・アンパンマンミュージアム（高知県香美市）、日本建築学会賞作品賞を受賞した茅野市民館（長野県茅野市）など。

注21　瀧口範子著『にほんの建築家　伊東豊雄・観察記』（TOTO出版、二〇〇六年）より。「今アーキテクトとは、そんなスタティックな存在ではない。チャンスがあれば世界の果てまでも出かけて行ってコンペティションを競う、K-1ファイターのような存在である」。

注22　溝口薫平　一九三三（昭和八）年大分県生まれ。日田市立博物館に勤務した後、六六年、妻の実家である湯布院の旅館「玉の湯」の経営に参画。現在は同社代表取締役会長。湯布院まちおこしの立役者の一人。

あとがき

本書は二〇〇八年に刊行した集英社新書『新・都市論ＴＯＫＹＯ』の続編となるものです。前書では、二一世紀の東京に出現した超高層再開発の現場を、都市設計の最前線にいる建築家の隈研吾氏と歩き、興奮と同時に、その限界をも思い知りました。

限界を知ったならば、次は、「どうしたらそこから一歩を踏み出せるか」がテーマになります。都市を覆っているグローバリズムという経済至上システムのプレッシャーから逃れるべく、私たちは「ムラ」の可能性を探ろうと考えました。本書における「ムラ」とは、人が安心して生活していける共同体のありかであり、また、多様な生き方と選択肢のよりどころ、という解釈です。その意味で都市の中にも「ムラ」はあります。超高層ビルという中空から、雑多なストリートという足元に視線を移して歩き回った「下北沢」「高円寺」「秋葉原」「小布施」には、まさしくその萌芽《ほうが》がありました。その芽も常に、グローバリズムのような〝大きなもの〟の脅威にさらされていることは本文の通りですが、一つひとつの固有な場所に、脅威を凌駕する希望があることも確かでした。東日本大震災を経験した後は、なおさら「ムラ」を再発見する意義は大きいと、身に染みて感じています。

取材の途上では、「Ｓａｖｅ ｔｈｅ 下北沢」の浅輪剛博さん、東京大学特任教授の妹尾堅一郎先生をはじめ、たくさんの方々から貴重なお話を聞くことができました。そして今回も、集英社新書編集部部長の椛島良介氏、編集部の千葉直樹氏、校閲のご担当諸氏のお力に支えられました。みなさまに深く感謝申し上げます。

清野由美

二〇一一年七月

＊本書は、集英社新書ウェブサイトで連載された「新・ムラ論ＮＩＰＰＯＮ」に加筆修正したものです。また『「都市」が自壊し、「ムラ」がよみがえる』は、季刊誌「kotoba」（集英社）二〇一一年冬号掲載の同名記事を改稿したものです。
＊各章のサイトハンティングは、二〇〇八年から二〇一〇年にかけて行いました。

隈 研吾(くま けんご)

一九五四年生まれ。建築家。東京大学大学院教授。「根津美術館」(毎日芸術賞)など内外で受賞多数。著書に『自然な建築』(岩波新書)など。

清野由美(きよの ゆみ)

一九六〇年生まれ。ジャーナリスト。著書に『ほんものの日本人』(日経BP社)、『セーラが町にやってきた』(日経ビジネス人文庫)など。

新《しん》・ムラ論《ろん》TOKYO

集英社新書〇六〇〇B

二〇一一年七月二〇日 第一刷発行

著者……隈《くま》 研吾《けんご》／清野《きよの》由美《ゆみ》

発行者……館 孝太郎

発行所……株式会社集英社

東京都千代田区一ツ橋二-五-一〇 郵便番号一〇一-八〇五〇

電話 〇三-三二三〇-六三九一(編集部)

〇三-三二三〇-六三九三(販売部)

〇三-三二三〇-六〇八〇(読者係)

装幀……原 研哉

印刷所……大日本印刷株式会社 凸版印刷株式会社

製本所……加藤製本株式会社

定価はカバーに表示してあります。

ISBN 978-4-08-720600-5 C0236 Printed in Japan

a pilot of wisdom